DXを成功させる データベース構築の勘所

川上 明久、小泉 篤史、青木 武士、
松永 守峰、夏目 裕一、村山 満、
瀬川 史彰、横山 浩章、中山 卓哉 著

日経BP

はじめに

　DX（デジタルトランスフォーメーション）が進展するにつれて、データ基盤にこれまでにない特性—スピード、柔軟性、低コスト—が求められています。

　こういったニーズに応えるように、データ基盤技術は目覚ましい進歩を遂げていて、次々と新たな技術が生み出されています。

　しかし、多様な技術が新たに登場してきたことから、キャッチアップするのも一苦労です。自社のニーズにあったデータ基盤技術を的確に選択して、アーキテクチャーを考えるのは難易度が高い作業です。

　そこで、クラウドでデータ基盤の設計パターンを解説した書籍『クラウドでデータ活用！　データ基盤の設計パターン』に続いて、新たに登場してきたデータ基盤技術と、その設計方法を説明したのが本書です。

　本書では、3大クラウドと呼ばれる Amazon Web Services（AWS）、Microsoft Azure、Google Cloud に加えて、大規模なデータ基盤で利用されることが増えつつある Oracle Cloud Infrastructure（OCI）のデータ基盤技術を掲載しています。

　どの技術もこれまでに実現できなかったことが可能になる、革新性のあるものです。うまく利用できれば DX の成功に近づくことができるでしょう。

　掲載する内容をクラウドにしているのは、データ基盤技術のイノベーションがクラウドに集中しているからです。冒頭に挙げたスピード、柔軟性、低コストという特性がクラウドの持つ強みと一致するため、イノベーションが起こる場として有利だといえます。

　このような背景から、DX を目指す組織ではデータ基盤をクラウドに移す動きが活発になっています。DX を成功させるデータ基盤を構築するには、データレイクといった新たな概念の理解に加えて、近年多くの種類が出てきている NoSQL、データウエアハウスといった製品、データベースの移行といった業務にも対応していく必要があります。

　知識体系としても、業務ノウハウとしても幅広く、専門性が高い領域です。限りある紙面でお伝えするために、アーキテクチャーや設計の考え方に絞っています。各製品の詳細な構築、運用手順については他の書籍に譲って、構築手順などのオペレーションに関わる内容は最小限にしています。

　本書は、データ基盤技術の選択、設計に関心があるか、この領域のナレッジを持っておきたいと考えられている方々の参考になるよう記載しています。IT 用語のうち、IaaS（Infrastructure as a Service）や PaaS（Platform as a Service）、RDB（Relational Database）などの、インフラやデータベースに関わる基本的な用語を理解している方であればスムーズに読み進めていただけると思います。

　データ基盤は、これからも加速度的な変化を続けていくと考えています。読者のみなさんにとって本書が新たなデータ基盤技術を効率的に理解して、活用する一助となれば、これ以上の喜びはありません。

　本書は日経クロステック／日経コンピュータの連載を、書籍向けに内容を見直したものです。日経クロステック／日経コンピュータ編集部、編集を担当いただいた大谷 晃司氏には深く感謝します。毎回分かりやすい文章に編集していただいたおかげで、書籍としてまとめることができました。

　本書の内容は、株式会社アクアシステムズのメンバーが実際のプロジェクトで経験したことを基に書いています。これまで一緒に仕事をさせていただ

いた方々や、関わったシステムから多くのヒントをもらったことで、書き上げることができました。良い経験をさせていただいたビジネスパートナー、同僚のみなさんに感謝します。

　最後に、長い執筆を続けることができたのは、家族の理解と協力があったからです。いつも支えてくれている妻の直子に感謝します。

2022 年 1 月 22 日　川上 明久

CONTENTS

本書は「日経クロステック」に 2021 年 4 月 5 日から隔週で掲載した連載「DX を成功に導くデータベース構築の勘どころ」および「日経コンピュータ」2021 年 4 月 1 日号から隔号で掲載した連載「DX を成功させるデータベース構築」を加筆・修正して再構成したものです。

第1章

DX の要、変わるデータ基盤

1-1　変わる DB 構築の考え方

データ基盤はクラウドが最適
選択・工程・運用に変化

デジタルトランスフォーメーション（DX）ではデータベース（DB）に求められる特性が変わる。
従来の業務システムとは異なり、多様性、柔軟性、スピードが DB に要求される。
クラウドサービスの利用が最適だが、データベース構築における考え方も変わる。

　DX はデータベース（DB）に対して従来の業務システムではあまり求められなかった特性を要求します。（1）多様性、（2）柔軟性、（3）スピードです。

クラウドでDXを加速させる

　1 つ目の多様性は利用できる DB の種類を指します。DX は多様な種類のデータを扱います。これまで主流だった RDBMS（Relational Database Management System）だけでなく、新しいデータ構造を専門的に取り扱う NoSQL（Not Only SQL）や、大量のデータを取り扱うデータウエアハウス（DWH）の利用が DX の展開には有効です。DB の領域で最も活発なイノベーションが起こっているのがクラウドです。クラウド側にデータがあれば、多様な DB サービスの中から DX の目的に合ったものを利用できます。

　2 つ目の柔軟性は使いたいときに使いたい DB を利用できることを指します。この点でクラウドは有利です。例えばデータレイクの構築のしやすさが挙げられます。データレイクは大量のデータを 1 カ所に集め、用途に応じて取り出し、加工して活用するデータ基盤です。データレイクに入れるデータは RDBMS から抽出したデータやアプリケーションが送るログ、端末のセンサーから送られるデータなど多岐にわたります。データのフォーマットは CSV やドキュメント、ログ、動画など様々です。これらを未加工のまま保存します。取り出したデータは ETL（抽出・変換・格納）ツールなどを用いてクレンジングや加工を施します。

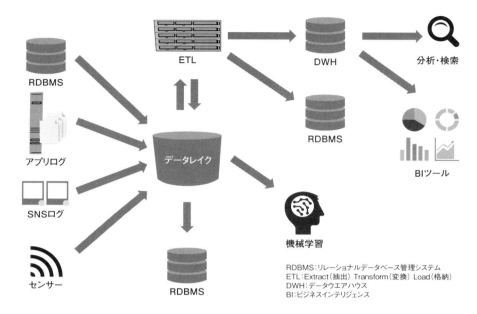

RDBMS：リレーショナルデータベース管理システム
ETL：Extract（抽出）Transform（変換）Load（格納）
DWH：データウエアハウス
BI：ビジネスインテリジェンス

図1 データレイクを中心とするシステム構成例

　DX を進める過程でシステム要件が変わり、異なる種類の DB を使いたくなるケースもあります。データレイクにデータを集めておけば、新たな DB を用意して使い始めるまでの時間を短縮できます。

　3つ目のスピードによって、利用したいときにすぐ利用できる状態になります。クラウドでは DB サービスについても構築や運用の自動化を進めており、DX を加速させる基盤として適した条件がそろっています。

　では、クラウドにおける DB 構築の変化についてクラウドの選択、DB 構築の工程、運用に分けて見ていきます。

クラウドサービスの選択

　クラウドサービスによって DB サービスは異なります。DX を進めるにあたり、

表1 主なクラウドでのデータベースサービス一覧

	Amazon Web Services (AWS)	Microsoft Azure	Google Cloud	Oracle Cloud	ユースケース
RDBMS	・Amazon Aurora (MySQL、PostgreSQL) ・Amazon RDS (MySQL、MariaDB、PostogreSQL、Oracle、SQL Server)	・Azure SQL Database ・Azure SQL Managed Instance ・SQL Server on Virtual Machines ・Azure Database (PostgreSQL、MySQL、MariaDB)	・Cloud SQL (MySQL、PostgreSQL、SQL Server) ・Cloud Spanner	・Oracle Autonomous Database ・Oracle Database Cloud Service ・Exadata Cloud Service ・MySQL Cloud Service	基幹系システム、業務アプリケーション、分析システム、大規模なゲーム など
DWH（データウエアハウス）	・Azure Redshift	・Azure Synapse Analytics	BigQuery	・Oracle Autonomous Data Warehouse	分析、集計、レポート出力、ビジネスインテリジェンス（BI）など
キーバリュー	・Amazon DynamoDB	・Azure Cosmos DB	・Cloud Bigtable	・Oracle NoSQL Database Cloud Service	シンプルなデータでのユースケースはキャッシュ、キュー、セッションストア、リアルタイム分析などデータ構造次第でドキュメントやワイドカラムのように利用可能
インメモリー	・Amazon ElastiCache (Redis、Memcached)	・Azure Cache for Redis	・Cloud Memorystore (Redis、Memcached)	—	キャッシュ、キュー、セッションストア、リアルタイム分析など
ドキュメント	・Amazon DocumentDB (MongoDB互換)	・Azure Cosmos DB	・Cloud Firestore	・Oracle Autonomous JSON Database	商品カタログ、ニュース記事、ユーザープロファイルなどの コンテンツ管理など
ワイドカラム	・Amazon Keyspaces (Apache Cassandra 向け)	・Azure Cosmos DB	・Cloud Bigtable	・Oracle Data Hub Cloud Service	大規模なデータのデータストア、センサー情報、SNSのログ収集など
グラフ	・Amazon Neptune	・Azure Cosmos DB	—	—	SNS、推奨エンジン、ナレッジグラフ、不正検出、ネットワーク管理、ライフサイエンスなど
時系列	・Amazon Timestream	・Azure Time Series Insights	—	—	IoT アプリケーション、リアルタイム分析など
台帳	・Amazon QLDB	—	—	—	改ざん防止が必要な業務アプリケーションなど

利用する可能性のあるサービスを提供していることがクラウドサービスを選ぶ際の必須条件です。

　差がないように見えるサービスでも違いが存在する場合があります。例えば「SQL Server」は Amazon Web Services（AWS）と Microsoft Azure のどちらでもサービスとして提供されています。ただし AWS の場合は保有するライセンスをクラウド環境に持ち込んで利用できません。

　一方、AWS は Aurora PostgreSQL に SQL Server との互換性を高める Babelfish という機能を 2020 年 12 月に発表、PostgreSQL の追加機能として「Bsbelfish for PostgreSQL」を Aurora PostgreSQL がサポートされているすべてのリージョンで利用可能としました。Transact-SQL（T-SQL、マイクロソフトの独自拡張 SQL）アプリケーションなどを PostgreSQL で実行できるようにします。このように様々な要素を検討して、利用するクラウドサービスを選びます。クラウドサービスごとの DB サービスの違いについては本書の第 2 章以降で詳細に説明していきます。

DXに合った工程の考え方

　クラウドに DB を構築する場合、工程についての考え方も変わります。従来、最も多く採用されていた開発プロセスはウオーターフォール型です。要件定義、基本設計、詳細設計、基盤構築、アプリケーション開発、テスト、運用と上流から下流に向かって開発を進めていきます。

　一方、DX プロジェクトの多くは仮説立案と PoC（Proof of Concept、概念実証）から始まります。実現性が不確かな DX プロジェクトの場合、仮説が合っているか、技術的に実現可能かを検証してから本格的なシステム構築に臨みます。

　要件の変化が見込まれ、仮説検証を高速に繰り返す DX に取り組む際は、設計の範囲を必要最小限に絞ります。素早く仮説検証に入れるようにするためです。仮説検証が進み、システム要件が固まるまで改変作業、リファクタリングをしていきます。ウオーターフォールの文化の中で高品質を求められて育ったエンジニアには抵抗がある考え方かもしれません。しかしアプリケーションを必要最小限の機能から、フィードバックを受けて徐々に成長させていく開発プロセスを採用するプロジェクトでは、スケジュールを遅らせないため DB 構築においても同じ開発手法を取り入れる必要があります。

　重要なのは必要最小限の設計とは何かということです。必要最小限の設計とは DB のエンジンやバージョンを決めるほか、DB の名前、扱う文字コードなどの設

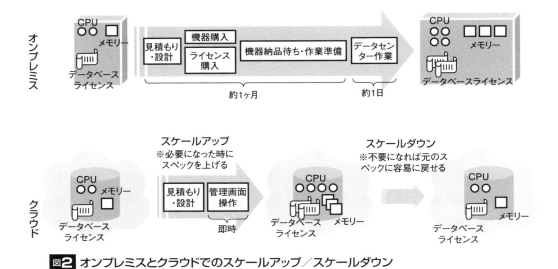

図2 オンプレミスとクラウドでのスケールアップ／スケールダウン

定です。後から変更できるものは、仮説検証しながら変更すればよいのです。

　同様に設計工程ではサイジング（システムに必要なリソースを算出すること）をしないプロジェクトも増えています。プロジェクトによってはトランザクション頻度などの事前予測が難しく、サイジングに必要な前提条件を確定できないからです。そのような場合、仮決めのリソースサイズで運用に入り、運用する中でリソース量や性能をモニタリングしてリソースを追加・削減する調整をします。リソースを容易に増減できるクラウドならではの運用方法です。

クラウドでのDB運用

　DB をクラウド上に構築する場合、運用についてこれまでとは異なる点があります。まず、クラウド側で用意している運用機能の利用を検討します。クラウドでは DB 運用タスクの一部を自動化しています。障害に備えた冗長化構成をコンソール画面の設定だけで実装でき、フェールオーバーも自動で実行されます。DB 全体の物理バックアップの自動化やバックアップの世代管理、任意の時刻の状態にリカバリーするポイントインタイムリカバリーを可能にするサービスもあります。クラウドサービスが自動化している運用タスクを、独自に実装するとそれ

だけで期間もコストもかかります。

　オンプレミスからクラウドに移行すると不要になる運用作業があります。ディスクの負荷分散はその一例です。オンプレミスではアクセス頻度が多いデータを1カ所に集中させないように、物理ストレージ間でアクセスを分散するようにデータを配置するケースがあります。一部の物理ストレージだけが忙しく読み書きしていると帯域の上限に達してしまうからです。しかし、クラウドでは物理ストレージ間のデータ分散はクラウドサービス側が担うため、利用者は考える必要がありません。

　独自に品質を高める工夫も重要です。クラウドでも広範囲にわたる障害が発生して、冗長化しているにもかかわらずシステムが利用できない状態に陥る場合があります。以前、データセンターを2カ所使って冗長化するところを、あえて3カ所使って冗長化し、広範囲な障害から回復できた例があります。それ以来、可用性を高めたい場合はデータセンターを3カ所使って冗長化する設計パターンが定着しました。クラウドの場合でも、独自の工夫で運用品質を高める余地が多く

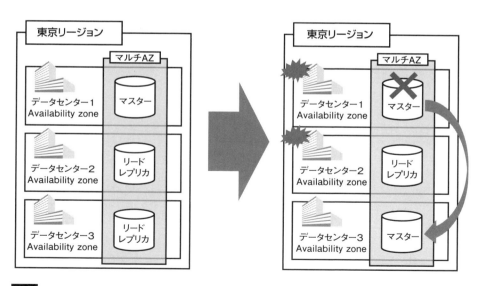

図3 クラウドでの冗長化例

あります。クラウドに通じたエンジニアの確保が運用の高度化につながります。

　最後に、バージョンアップを前提とした運用となることに注意します。DB エンジンはバージョンによって販売元の DB ベンダーが定めたサポート期限が存在します。クラウドでも DB エンジンが組み込まれている DB サービスにはサポート期限が定められています。期限を過ぎたバージョンの DB サービスは新規利用できず、物理バックアップのリストアもできません。さらに利用中の環境は一定期間が過ぎると強制アップグレードされます。

　新バージョンの DB を利用すると、稼働中のアプリケーションが正しく動作しないケースがあります。強制アップグレードの日程はクラウド事業者から事前告知されます。無理のない計画を立て、強制アップグレード前に手動で更新する運用をお勧めします。

1-2　DX のための DB クラウド移行

クラウド移行に特有の難しさ
計画と設計・運用のポイント

既存のデータベース（DB）のクラウド移行には、特有の難しさや解決すべき課題がある。

移行のメリットを引き出し、リスクを管理する計画と設計および運用の変更が必要となる。

クラウド移行自体は目的ではなく、DX でのデータ利活用を意識することが重要である。

　DX（デジタルトランスフォーメーション）を推進するため企業の情報システムには社会情勢や顧客ニーズの変化に対応するスピードや柔軟性が求められます。クラウドの特徴である導入の速さや規模の拡大・縮小についての柔軟性は DX 推進には欠かせません。新規システムだけでなく既存の IT 資産もクラウドへの移行によってスピードや柔軟性を得ることは重要です。

　企業内のオンプレミス環境にあるデータベースもクラウド移行の対象として例外ではありません。ビジネスの中で蓄積された各種データを AI（人工知能）など最新技術を使って分析し活用することは意義のあることです。

　一方、既存のデータベース（DB）、特に商用 DB においては、ビジネスのニーズに伴って容量、数ともに拡大し、ライセンス費用や保守費用などのコストも増大します。システムの維持が大きな負担となってきたことも既存の DB のクラウド化を後押しする要因となっています。

　その背景としてオープンソース（OSS）DB の機能・性能の向上が挙げられます。その結果、それらをサービス化したマネージドサービスが既存の DB をクラウド

に移行する際の現実的な選択肢となってきました。ただし、DB システムのクラウド移行にはアプリケーションの改修にとどまらず、クラウドに向けた運用手順の変更、そしてデータの移行といった特有の難しさや解決すべき課題が多く存在します。

　ここではクラウドのメリットを引き出しつつ、適切にリスク管理しながら DB の移行を成功させるために考えるべき移行計画や設計変更、運用変更のポイントについて説明します。

商用DBからOSSDBに

　クラウドへの移行と同時に、商用 DB からオープンソースベースの DB に移行するニーズが増加しています。ここではオンプレミスの商用 DB からクラウドの

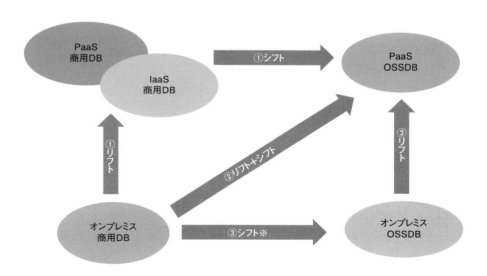

※「シフト」については「よりクラウドネイティブなシステムへの移行」という意味で使われることが多い。「③シフト」は異なるDBMSへの移行だが、便宜上「シフト」と表記した。オンプレミス環境のため①、②の「シフト」の使い方とは異なる

PaaS：プラットフォーム・アズ・ア・サービス　IaaS：インフラストラクチャー・アズ・ア・サービス　OSS：オープンソースソフトウエア　DB：データベース

図1 データベース移行時の「リフト」と「シフト」の概要

OSSDB に移行するケースを考えてみます。以下の 3 つの方法が考えられます。

(1) オンプレミスの商用 DB をクラウドにリフト（Lift）してから OSSDB にシフト（Shift）する（リフト＆シフト）

(2) オンプレミスの商用 DB から直接クラウドの OSSDB に移行する（リフト＋シフト）

(3) オンプレミスの商用 DB を OSSDB に移行してからクラウドにリフト（Lift）する

クラウド化のハードルを「リフト」で低く、「シフト」でメリットを最大化

　既存のシステムについて（大幅な改修はせずに）あるがままに近い形でクラウドへ移行する縦方向の動きである「リフト」、クラウドでのメリットをより生かせるようにマネージドサービスなどのクラウドに最適化されたサービスに移行する横方向の動きである「シフト」の 2 つのアクションがあります。

　「リフト」については既存システムをできる限りそのままクラウドに移行するものであり、その作業は比較的容易です。ただしクラウドならではのメリットは少なくなります。「シフト」については DBMS（データベース管理システム）の変更に伴うアプリケーションの修正や、クラウドのメリットを生かすための運用面での変更など、シフトよりも難易度は高くなります。

　クラウドへの移行が最優先である場合は（1）を選択し、OSSDB への移行が優先される場合は（2）を選択します。（3）については（2）とコストや対応期間が大きくは変わらないためほとんど選択されることはありません。

　DB のクラウド移行を DX 推進のための手段として考えると、むやみに既存システムをクラウドに「リフト」するのは得策ではありません。企業内の DB 層を全体的に見て、機能・非機能でのギャップとクラウド化への影響を事前に評価し

たうえで、適切なクラウドサービスへの「シフト」を選択するといった適材適所の考え方が重要です。クラウドネイティブな PaaS（プラットフォーム・アズ・ア・サービス）を利用する方がスピードや柔軟性を得やすいからです。

移行計画は「机上」から始める

適材適所を実現するには、企業全体でのクラウド移行をどのように計画し、実行に移せばよいでしょうか。DB の移行は一般的には（1）移行計画、（2）移行作業、（3）運用（システム切り替え）の流れになります。クラウド移行を成功させるにはリスクの高い部分、すなわち移行作業を難しくしている部分、問題が起こりやすい部分から段階的に検証を進めるのがよいでしょう。クラウド移行、とりわけ異なる DBMS 間の移行を難しくしているのは機能面でのギャップだけにとどまりません。性能や運用管理などの非機能ギャップが数多く存在し、それらの解決に専門的な知識や経験が必要となります。

移行計画の開始にあたっては、初めに移行元システムの構成や使用しているリソース、トランザクション量といった性能情報などを収集します。そして移行先

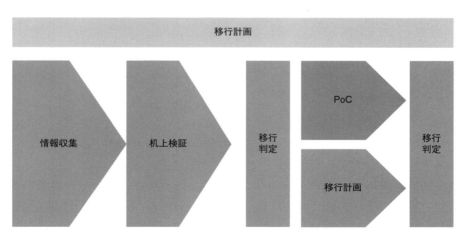

PoC：概念実証

図2 データベースの移行計画の概要

システムでそれらのシステム構成と同じ機能を提供できるか、性能目標について達成可能かを机上で検証し、移行の可否や難易度について評価します。ここで、まず「机上から」始めるのがポイントです。

「すぐに始められること」はクラウドのメリットですが、最初から PoC（概念実証）を網羅的に始めてしまうといたずらにコストを費やすことになります。そこで最初はノックアウトファクターをメインに段階的に移行性の机上評価をするのがよいでしょう。

ここで言うノックアウトファクターとは、対象とするデータベースがクリアしなければならない必須の要件を指します。利用する機能、可用性、性能、運用といった要件から必ずクリアしなければならないものについて評価します。ノックアウトファクターで達成できないものが出た場合は、要件を満たすための代替案を検討したうえで、次の工程となる PoC で実現可能かどうかを検証します。

移行リスクをPoCで検証

机上検証の結果、実環境での検証が必要と判断された要素、ノックアウトファクター以外に移行リスクになると考えられる要素を、PoC の作業で検証します。この工程ではスキーマやアプリケーションの一部についてサンプルを抽出し、変換作業をしたうえで、システム全体を変換するコストを算出するための基礎値（単位あたり変換工数）を算出します。

サンプルを抽出する際は高頻度で実行され、ある程度複雑な処理を伴うものを忘れずに含めるようにします。データベースの移行では、特に複雑な SQL においてパフォーマンスを維持するための対策が不可欠になります。

機能・非機能でのギャップを解消できることが確認され、コストも問題ないと判断できれば、移行計画を立案して、移行プロジェクトを実行するかどうかの最終判断をします。検証の結果によっては移行先の DB にはマネージドサービス（PaaS、プラットフォーム・アズ・ア・サービス）ではなく、仮想サーバー（IaaS、

インフラストラクチャー・アズ・ア・サービス）に OSSDB を導入することを選択するケースや、オンプレミスに残すことが最適解となる場合もあります。個々の DB ではなく企業内の DB 全体としてコストも含めた最適化を図ることが重要です。

　以上のような考え方で移行計画を立てると、移行実行時に発生するリスクが最小化され、実現性の高い移行プロジェクトを始められます。

　DB 移行の作業にはシステム構成移行、DB 定義移行、データ移行、アプリ移行、運用移行、テストがあります。

	工程	作業内容
1	システム構成移行	移行後のクラウド環境でシステム要件を満たすためのシステム構成を設計する
2	DB 定義移行	データベースオブジェクトを移行先のデータベースでサポートされる定義に移行する
3	データ移行	移行元データベース上のデータを移行する
4	アプリ移行	DBMS 変更による API、SQL 文等の差異を解消する
5	運用移行	DBMS が関わるシステム運用を移行する
6	テスト	移行後のシステム全体が正常に動作するかテストする

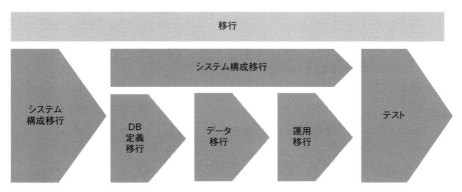

DB：データベース　DBMS：データベース管理システム　API：アプリケーション・プログラミング・インターフェース

図3 データベースの移行作業の概要

23

　最初にシステム構成の移行です。ここではクラスターや認証サーバー、バックアップ運用、レプリケーションなど移行元の DB で求められる要件をクラウド上で満たすシステム構成を設計します。

　クラウド上ではオンプレミスと同様な実装や運用方法ができないものがあります。例えば DB サーバー上でシェルスクリプトを利用して運用していたものや、オペレーティングシステム上でのファイルの入出力によって他システムと連携していたものは PaaS 環境では利用できません。代替方式を検討したうえで詳細設計します。

DB定義、アプリケーションの移行

　DB 定義の移行では移行元システムのスキーマオブジェクト（テーブル、ビュー、インデックス、ストアドプロシージャなど）を移行先の DB がサポートする定義に変換します。移行支援ツールを活用して効率化できる部分もありますが、単純に移行できない部分は代替方式を検討して変換します。

　またツールのアウトプットをそのまま受け入れるのではなく、パフォーマンスを考慮して適切なデータ型にマッピングされているか、システム全体で同じ属性（ドメイン）のデータが同じデータ型にマッピングされているかなども確認します。そうでない場合は適切なデータ型にするように定義を修正します。DX を進める際に他システムとの連携や全社的なデータ基盤を構築するうえでも重要です。

　データ移行は移行元 DB に格納されているデータを抽出し、移行先の DB 定義に合わせて必要な変換をしたうえでデータを投入します。データ変換と移行先へのロードの処理は本番環境を想定したデータ量でテストし、システム切り替え時の所要時間の見積もりやオブジェクトの依存関係などを考慮した移行手順を確認します。システム切り替え時のサービス停止時間を短縮する必要がある場合はクラウドベンダーが提供するツールやサードパーティー製品を含めた DB のレプリケーションツールの使用を検討します。

　アプリケーションの移行作業は DB 定義移行およびデータ移行と並行して実施します。ここではアプリケーションから実行されている SQL 文や API（アプリケーション・プログラミング・インターフェース）、SQL 文で使用されている組み込み関数などを移行先の DB で実行できるように修正します。変換ツールを利用できますが、補助的なものと考えたほうがよいでしょう。

　また、移行前後での処理結果が等価であるかどうかのチェック以外に SQL のパフォーマンスについても目配りが必要です。傾向として複雑な SQL ほどパフォーマンス問題への対策が必要になり、移行プロジェクトが進むほど対策コストも高くつきます。そのため性能の変化を確認し、必要に応じてチューニングを施します。

　そして DX の推進を見据えた観点から、他システムと連携する処理については、直接更新するような処理から API やメッセージキューの送信などに置き換えるといったことも検討しましょう。システムの結びつきを密から疎にして変化に強くします。ただしこの変更は現行システムをできる限りそのままクラウドに持ってくる「リフト」の段階では難しいかもしれません。その場合はよりクラウドに適したシステムに移行する「シフト」の段階での課題として認識しておきましょう。

運用移行とテスト

　そして運用移行では DB の起動・停止処理、パフォーマンスやエラーなどの各種監視、バックアップ・リカバリーなどの DBMS の運用をクラウドで実行するための仕組みを設計・実装します。できる限りクラウド側で用意している自動運用の機能やサービスを利用することがコスト削減につながります。システム運用の要件を踏まえてできるだけ新たな作り込みをしない方向で再設計するのがよいでしょう。

　最後のテストは移行後のシステム全体での正常動作の確認がメインとなります。DBMS の変更による特性の違いが表れやすい部分であり、トランザクション処理

やエラー処理、リソース使用量の傾向などについては特に詳細なテスト項目を設定します。パフォーマンスについても総合的な性能テストを実施し、必要に応じてパラメーターや SQL 文をチューニングします。

　このようにして移行時のリスクを抑えながら DB のクラウド移行を進めますが、クラウド移行自体が目標ではありません。その先の DX でのデータ利活用を見据え、他のシステムも含めた企業内の DB 領域での全体的な最適化を意識することが重要でしょう。

1-3　クラウド DB サービス

Key-Valueやグラフ型 DBサービスの種類と特徴

DX の推進には膨大な量の、かつ多種多様なデータの扱いが求められる。
従来のリレーショナルデータベース（RDB）ではデータの処理が難しい場合もある。
RDB と非リレーショナルデータベースを適切に使い分けることでニーズを満たせる。

　デジタルトランスフォーメーション（DX）に取り組む中でデータの利活用を進めると、企業のデータベースにはこれまでにはなかった膨大な量の、かつ多種多様なデータを扱うことが要求されます。

　スマートフォンの普及や IoT（インターネット・オブ・シングズ）化によって多様な機器がインターネットに接続され、そこから取得されるデータは急速に増加しています。データの種類も多岐にわたります。アプリケーションのログや SNS をはじめとする Web サービスのログ、IoT 機器のセンサーデータなどです。

　大規模で多種多様なデータを迅速に分析・集計するには、従来のリレーショナルデータベース（RDB）では難しいところがあります。構造化されたデータについて、整合性に重きをおいてトランザクション処理をするのとは異なるニーズがあるからです。

　既存の RDB が抱えている課題の解決方法として、大規模データの集計・分析に特化したデータウエアハウス（DWH）や、行と列からなる構造では表現が難しいデータを扱える NoSQL（Not Only SQL）と呼ばれる非リレーショナルのデータベースが有効な選択肢としてクローズアップされます。

　こうしたイノベーションはクラウドの領域で活発です。クラウドベンダーは一般的な RDB に限らず、DWH、NoSQL でもさまざまなマネージドサービスを提供しています。柔軟性・俊敏性に富むクラウド環境で、大規模かつ多種多様なデータの処理にこれらのデータベースを利用できることは、素早くサービスを立ち上げ、試行錯誤を繰り返しながら品質を高めていくという DX で多く採られる開発プロセスにおいて大きなメリットです。

　1-3 では Amazon Web Services（AWS）、Microsoft Azure（Azure）、Google Cloud、Oracle Cloud Infrastructure（OCI）が提供する最新のデータベースサービスを紹介します。

データベースの種類とその特徴

　データベースの種類は大きくは事前に定義された構造化データを管理する（広義での）リレーショナルデータベースとそれ以外の非リレーショナルデータベース（NoSQL）に分けられます。さらにデータの管理方法などによって細分化されます。

　どのデータベースが最適かはユースケースによって異なりますが、DX への取り組みにおいては、まず汎用的なデータストアとしての RDB があり、その課題を解決・補完するために他のデータベースから適切なものを選んで併用するという考え方がよいでしょう。

　利用するデータベースサービスが多くなると、データ連係やデータの一貫性を保つコストが大きくなります。できるだけ少ない種類のデータベースサービスでニーズを満たすようにするのが肝要です。以下で各データベースサービスについてその特徴を見ていきましょう。

リレーショナルデータベース

　RDB は事前に定義されたテーブルで構造化データを管理する最も一般的なデータベースです。ACID（Atomicity、Consistency、Isolation、Durability）特性を

表1 データベースの種類と主な特徴

種別	データベースの種類		主な特徴	データベースサービス
リレーショナル	リレーショナル		行と列からなる構造化データ（表）をリレーション（関係）で管理する汎用的なデータベース。ACID 特性を備えたトランザクション管理機能により業務処理などで幅広く利用される	Amazon Aurora
				Amazon RDS
				Azure SQL Database
				Azure SQL Managed Instance
				Azure Database
				Google Cloud SQL
				Google Cloud Spanner
				Oracle Autonomous Database
				Oracle Database Cloud Service
				Oracle Exadata Cloud Service
				Oracle MySQL Cloud Service
	データウエアハウス*1		大規模データを高速に処理することに特化。データ分析、ビジネスインテリジェンス（BI）などで利用される	Amazon Redshift
				Azure Synapse Analytics
				Google Big Query
				Oracle Autonomous Data Warehouse
非リレーショナル	Key-Value*2	Key-Value	データを一意な Key とその値で表現する。同時実行性が高く、軽量かつ大量の処理に強い。アプリケーションのデータストアなどで利用される	Amazon DynamoDB
				Azure Cosmos DB
				Google Cloud Bigtable
				Oracle NoSQL Database Cloud Service
		ドキュメント	JSON に代表されるドキュメント形式のデータ管理に強い。コンテンツ管理、ユーザープロファイル管理などで利用される	Amazon DocumentDB
				Azure Cosmos DB
				Google Cloud Firestore
				Oracle Autonomous JSON Database
		ワイドカラム	大規模で柔軟な構造のデータ管理に強みを持つ。SNS、ログ管理などで利用される	Amazon Keyspaces
				Azure Cosmos DB
				Google Cloud Bigtable
				Oracle Data Hub Cloud Service
		インメモリー	メモリー上にデータを保持する。セッション管理、マスターデータのキャッシュでなどで利用される	Amazon ElastiCache
				Amazon MemoryDB for Redis
				Azure Cache for Redis
				Google Cloud Memorystore
				MySQL Heatwave
	グラフ		データをグラフ構造で保持する。SNS における人と人の関係や商品のレコメンドなど、関係性の管理、検索などで利用される	Amazon Neptune
				Azure Cosmos DB*3
				JanusGraph（Google Cloud Bigtable）
				Oracle Autonomous Database
	時系列		時系列データの処理に特化したデータベース。センサーデータ、ログなどの処理で利用される	Amazon Timestream
				Azure Time Series Insights
	台帳		ハッシュチェインを使用した履歴データの管理に特化したデータベース。検証可能な履歴データにより、データの不変性を高めている	Amazon QLDB

*1：データウエアハウスはリレーショナルの一種と考えられるが、ここでは一般的なリレーショナルとは特徴の異なる Amazon Redshift などの列指向のデータベースをデータウエアハウスとしている
*2：Key-Value にはドキュメント、ワイドカラム、インメモリーを含めることもできるが、ここでは様々なデータベースについて紹介することを目的として分けて記載している
*3：グラフデータを格納するためのバックエンドとして BigTable を使用する

備えたトランザクション処理に強い特徴があります。名前の通りデータにリレーション（関係性）を持たせることによってSQLを使用した柔軟なクエリーを実行できます。汎用的なデータベースであり、業務アプリケーション、Web、モバイル、EC（電子商取引）などさまざまな用途で使用されています。

　PaaS（プラットフォーム・アズ・ア・サービス）では主要なRDBを選択できることに加えて、バックアップやレプリケーションなどもPaaSが提供する機能を使って比較的容易に構築できます。

データウエアハウス
　従来のRDBが行単位にデータを管理するのに対し、データウエアハウス（DWH）は列単位にデータを管理するため、列指向データベースと呼ばれます。列単位でアクセスする場合に物理的なデータアクセスの量を削減できることから、分析、集計などの性能が最適化されます。

　SQLを使用したクエリーを実行できますが、参照処理に最適化されたデータベースであるため、更新トランザクションには制限があります。一般的にはRDBやファイルシステム、データレイクなどから一定の周期でデータを取得します。その際、クエリーの性能を上げる目的で、クエリーに合った形にデータを非正規化して格納します。このようにしてRDBMSでは困難な大規模データの分析、集計、BI（ビジネスインテリジェンス）などで使用されます。

　PaaSのデータウエアハウスとしてはAmazon Redshift、Azure Synapse Analytics、Google Cloud BigQuery、Oracle Autonomous Data Warehouseが挙げられます。

Key-Valueデータベースとそのバリエーション
　Key-Valueデータベースは、代表的な非リレーショナルデータベースです。最もシンプルなものは一意なキーとキーに関連付けられた値だけのシンプルなデータ構造を持ちます。List型やMap型などのコレクションと呼ばれる特有のデー

(a) Key-Value

キー	値
1001	佐藤
1002	鈴木
1003	斉藤
1004	山田

(b) ドキュメント

キー	値

1001	{
	"名前":"佐藤"
	　"基本情報":{
	　　"年齢":"30","出身地":"東京都"
	　},
	"趣味":{"映画鑑賞","盆栽","ドライブ"}
	}

1002	{
	"名前":"鈴木"
	　"基本情報":{
	　　"出身地":"福岡県"
	　},
	"資格":{"英検1級","簿記3級"}
	}

(c) ワイドカラム

キー	値	値	値	値
1001	名前	年齢	出身地	
	佐藤	30	東京都	
1002	名前		出身地	血液型
	鈴木		福岡県	O型
1003	名前	年齢		
	斉藤	35		
1004	名前			血液型
	山田			A型

図1 Key-Valueとそのバリエーションでのデータ格納イメージ

タ型を持つこともできます。また、値を JSON や XML に代表されるドキュメント形式で格納するドキュメントデータベース、あるいは複数の列形式の階層で持つワイドカラムデータベースもあります。

　Key-Value データベース（とそのバリエーション）は、RDB の行に相当する最小単位のデータに一意なキーでアクセスすることが基本です。値に格納されるデータの属性は事前定義する必要はなく、またコレクションという形でアプリケーションに必要なデータの集まりを 1 つの入れ物に格納できるため、アプリケーションからのデータ格納、参照はシンプルになります。しかし、複数のテーブルにまたがるような操作は得意ではなく、複雑なクエリーを発行する用途には適していません。

　しかし、サポートされる処理をキーによる値の出し入れというシンプルなものにして一貫性を犠牲にすることで、複数ノードで分散処理できるようにしています。これによってデータとトランザクションの量が非常に多い場合でも、処理をさせることが容易になります。

　ユースケースとしてはIoT、アプリケーションのキャッシュ、セッション管理、SNSなどシンプルで低いレイテンシーが求められる処理が挙げられます。PaaSのデータベースサービスとしては Amazon DynamoDB と Azure Cosmos DB が代表的な Key-Value データベースです。

ドキュメントデータベース

　ドキュメントデータベースはKey-Value データベースの一種です。値をJSONなどのドキュメント形式で格納します。ドキュメント内のデータの属性は事前定義が不要で行ごとに異なる属性を持てるため、RDBと比較した場合、柔軟なデータ構造を実現できます。一方、複数のテーブルやドキュメントをまたがるような操作は苦手です。1つのドキュメントの中でアプリケーションに必要なデータが完結するようなデータ構造を考慮する必要があります。

　このような特徴から、RDBでは事前のテーブル定義が難しい商品カタログやニュース記事、ユーザープロファイルなどドキュメントごとにフォーマットが多様なもの、格納される内容が頻繁に変化するものがユースケースとして挙げられます。代表的なPaaSのドキュメントデータベースとしては、Amazon Document DB、Azure Cosmos DB、Google Cloud Firestore、Oracle Autonomous JSON Database があります。

ワイドカラムデータベース

　ワイドカラムデータベースもまた、Key-Value データベースの一種ですが、値の中に複数の列（キーと値のペア）を持ちます。また、事前の定義は不要で行ごとに列の定義が異なっていてもよいため柔軟なデータ構造を備えます。一方で結合はできないなどクエリーはRDBのように柔軟ではありません。

　キーに対して複数の値を持てるという点ではドキュメントデータベースと似ているように思われますが、ワイドカラムでは複数の列のうち、一部の列のみにアクセスする場合に行全体へのアクセスと比較してデータアクセス量を減らせます。

こうした特徴から、SNS のログや IoT 機器のセンサー情報など RDB では管理が難しいような構造かつ大規模なデータの収集、分析などがユースケースとして挙げられます。PaaS のワイドカラムデータベースには Amazon Keyspaces、Azure Cosmos DB、Google Cloud Bigtable、Oracle Data Hub Cloud Service があります。

インメモリーデータベース

インメモリーデータベースもまた Key-Value データベースの一種といえます。データをメモリー内に保持することで低レイテンシーを実現するように特化しています。アプリケーションのキャッシュやセッションストア、リアルタイム分析など常に低いレイテンシーが要求されるような場合に使用されます。

PaaS のインメモリーデータベースとしては Amazon ElastiCache、Azure Cache for Redis、Google Cloud Memorystore が挙げられます。

グラフデータベース

グラフデータベースはデータの関係をグラフ構造で管理します。関係を持つといっても RDB とは異なり、データを格納する「ノード」とノード間の関係を定義する「エッジ」で管理します。そして、ノードとエッジの属性情報を表す「プロパティー」を合わせた 3 要素でノード間の関係性を表します。

RDB のテーブルでは管理が難しい複雑で多様な関係性を持ったデータをシンプルなデータ構造で管理できることから、SNS における人と人のつながり、EC サイトでのレコメンデーション、経路検索、ネットワーク管理などのさまざまな場面で使用されます。PaaS のグラフデータベースには Amazon Neptune、Azure Cosmos DB、JanusGraph（Google Cloud Bigtable）、Oracle Autonomous Database があります。

時系列データベース

時系列データベースはリアルタイムに収集される大量の時系列データの収集、

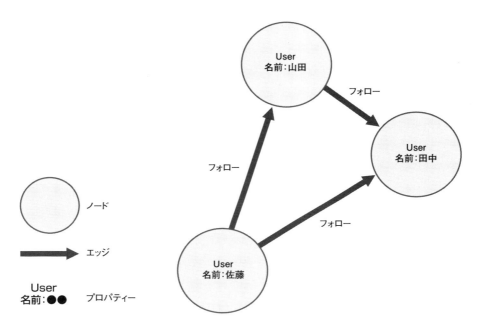

図2 グラフデータベースのデータ格納イメージ

管理、分析に最適化されたデータベースです。IoT やスマートフォン、Web アプリケーションのイベントなど多数のデバイスから継続的に送られるデータを迅速に分析するような用途で使われます。PaaS の時系列データベースには Amazon Timestream、Azure Time Series Insights があります。

台帳データベース

　台帳データベースはすべての変更履歴を暗号化し、検証可能な方法で保持することで意図しない変更が発生していないことを保証できるという特徴があります。管理者であっても変更履歴そのものの変更や削除をできないようにします。改ざん防止が必要な売掛金・買掛金や手形といった債権・債務取引、物流業務における輸送や入出庫など物の流れといった正確性・完全性が要求される履歴データに特化したデータストアがユースケースとなります。Amazon QLDB は台帳管理機能に特化したデータベースです。

クラウドでのデータベース選択

　ここまで代表的なクラウドで利用可能なデータベースについてどのようなものがあるのかを紹介しました。それでは、DX を推進するうえでデータベースはどのように選べばよいでしょうか。

　RDB は表形式の分かりやすいデータ構造や柔軟なクエリー作成、そしてトランザクション処理の信頼性で長く企業のデータストアの中核に位置付けられてきました。一方 DX を進める中で RDB では定義が難しいデータを扱うニーズやスケールアウトの難しさなどの課題がクローズアップされています。その解決方法として RDB の持つ長所とトレードオフする形で特定の処理に強みを持つ非リレーショナルのデータベースが登場してきました。

　このような特徴から、システム全体のデータストアとしてのニーズを非リレーショナルデータベースが満たすのは難しく、システムの一部の特化した用途向けに RDB と併用することが現実的な解となるでしょう。

　分かりやすい方法として、コマンドクエリー責務分離（CQRS）という考え方があります。データの更新と参照で使うデータベースを分ける方法です。例えば RDB に格納された業務アプリケーションのデータを、大規模データの集計・分析に特化したデータウエアハウスやワイドカラムデータベースで分析するという方法は想像しやすいでしょう。

　また、例えば IoT 機器から送られる膨大な量のデータについて水平方向の分散に強く高速に処理できる Key-Value データベースを使って更新し、それを RDB で永続化して柔軟なクエリーを実行するといった使い分けなどが考えられます。

　RDB だけでは対応が難しい課題を解決する選択肢として、さまざまな種類のデータベースサービスがクラウドで提供されています。パフォーマンスや開発効率だけでなく、どのような処理を非リレーショナルデータベースで置き換えるの

が適切かを机上での検討だけでなく、PoC（概念実証）も含めてさまざまな角度
から検討することが重要です。

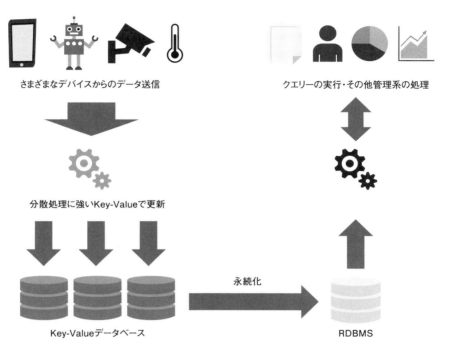

さまざまなデバイスからのデータ送信

クエリーの実行・その他管理系の処理

分散処理に強いKey-Valueで更新

永続化

Key-Valueデータベース

RDBMS

RDBMS：リレーショナルデータベース管理システム

図3 更新と参照でデータベースを使い分ける例

第2章
実践、データ基盤構築

2-1　Amazon Aurora

基盤にAWSのDBサービス Aurora採用の〇と×

AWS上にシステムを構築する場合、「Amazon Aurora」はDBの有力な選択肢になる。
Auroraの機能拡張は他のAWS上のDBサービスよりも優先されるメリットがある。
一方、更新も頻繁でエンジニアのリソースを情報収集や学習に充てることも欠かせない。

　第2章からは具体的なクラウドデータベースサービスについて解説していきます。2-1は企業がDX（デジタルトランスフォーメーション）を進めていく上で、データ基盤として米Amazon Web Services（アマゾン・ウェブ・サービス、AWS）の「Amazon Aurora」を採用するメリットとデメリットを解説します。

　Amazon AuroraはPostgreSQL、MySQLとの互換性を保ちつつ、AWSが独自機能を追加したデータベースサービスです。クラウドに適した改修を施すことで、性能、セキュリティー、可用性などが強化され、他のサービスとの連係によって利便性も高められています。

　なお、Amazon Auroraという名称はPostgreSQL、MySQLとの互換性を持つ2つのデータベースサービスの総称であり、正式名称はそれぞれ「Amazon Aurora with PostgreSQL compatibility」「Amazon Aurora with MySQL compatibility」です。本書ではAurora PostgreSQL、Aurora MySQLと記載します。総称で表記する場合はAmazon Auroraもしくは単にAuroraと記載します。

　現在、既存のオンプレミス環境からクラウドへ移行したいというユーザー企業からの依頼が急激に増えてきています。特にAWSへの移行において、データベー

スの選択肢は Amazon Aurora を最優先に検討し、それが難しければ他の選択肢を検討するというユーザーが多くいる印象です。

以下ではクラウドならではの拡張性や可用性、リージョンレベルの耐障害性といった一般的なデータベース的視点ではなく、DX を促進する上で Amazon Aurora にどのような優位性があるかに焦点を当てて解説します。

DXは長期的戦略で考える

DX を推進する上で重要なポイントは、長期的戦略に立ってシステム全体を考えることです。変化が大きく新しい機能を利用する可能性が高いと考えられる DX のシステムには、新たな技術の導入を続けるデータベースを利用するのが得策です。

AWS の発表によれば、2019 年に、Amazon Relational Database Service（RDS）と Aurora のデータベースエンジン全体で 100 を超える機能がリリースされています。そのうち Aurora の機能リリースは 60 を超えています。具体的には、グローバルデータベースといったデータベースの機能拡張、AWS 上の機械学習系サービスとの連係機能、バックアップサービスでの管理が可能となることなどによるシステム開発の生産性向上、運用の効率化、データベースの可用性向上といった

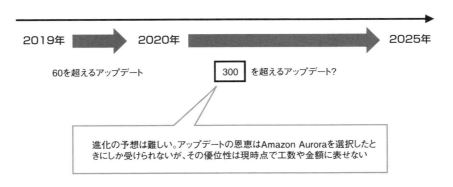

図1 アップデートを繰り返すクラウドDBサービスの概要

恩恵を受けられます。

　1 年間で 60 のリリースということは、5 年後には Aurora データベースで 300 を超える機能リリースの可能性があるということです。5 年後の Aurora がどんな機能を備えているのかを現時点で想像するのは難しいことですが、DX の長期的戦略を考える際にはこの進化の速度を考慮に入れておくべきです。

　現状では、会社全体に散らばっているデータを集めたとしても、それを有効に活用できないかもしれません。しかし今後、AWS 上における機械学習サービスが進化を続け、より使いやすくなり、高度なデータ分析や AI（人工知能）の利用が「安く」かつ「簡単に」できる時代がやってくると予想されます。

　既に DX の先進的な企業は、社内全てのデータをクラウド上に構築したデータレイクに集約し、アドホックにデータを分析し、様々なプロダクトを同時並行に進め、日々新しいことに挑戦しています。業務効率化も重要ですが、このような挑戦により新たに生まれるサービスを数年後の事業の柱とすることで、企業が進化し続けていくことが DX の求める真の姿です。

　そのために、まずやるべきことはデータを活用するための土台を整えることです。特に主要クラウドである AWS 上にシステムを構築する場合、データベースサービスに Amazon Aurora を選択することは、データレイクや他のサービスとの相互運用性を高められる有力な DX 対策の 1 つです。

Amazon Aurora を使うメリット

　以下で取り上げる内容は、2019 年以降から 2021 年 12 月現在に至るまでに追加された Aurora の新機能や Aurora の性能についてです。ここで強調したいことは、Amazon Aurora の機能拡張は他のデータベースサービスよりも優先されているということです。AWS を使う上では、やはり Amazon Aurora を利用することで得られる恩恵は大きいと言えます。

(1) 性能強化

　Aurora PostgreSQL は同条件で稼働するコミュニティー版 PostgreSQL より最大 3 倍の性能が出ると紹介されています。実際に、Aurora PostgreSQL と Amazon RDS for PostgreSQL についてベンチマークテストで性能比較したところ、Aurora PostgreSQL は RDS for PostgreSQL よりもスループットが 3 倍以上、平均レスポンスタイムは 4 分の 1 程度短いといった結果が出ました。なお、このベンチマークテストは卸売業の注文処理をモデルとして、スペックなどの条件を同等にし、同時接続数を 100 として実施しました。

　Amazon Aurora は独自のパラレルクエリーなどの性能を強化する機能を追加しており、ストレージ層を中心にクラウド基盤上で高い性能を発揮できるような改修が施されています。

　DX のプロジェクトの場合、オープンソース系データベースの性能が向上するメリットは大きいと言えます。プロジェクトを始める時点では大きな効果を上げられず、検証しないと分からないことがあります。こうした場合でも、商用データベースに高額なライセンス料金をかけることなく大規模なデータの処理ができるからです。開始当初のデータ量が少ない場合でも、DX がうまく進み、高い性能が必要になった際にもスペックの調整だけで使い続けられるのもメリットです。

(2) Aurora グローバルデータベース

　グローバル企業はリージョンごとにシステムを稼働させて、データベース間でデータを同期しているケースが多々あります。こうした場合、「Aurora グローバルデータベース」を利用すると構成がシンプルになり、データ同期が自動化されるメリットがあります。

　Aurora グローバルデータベースはデータのマスターが作られる 1 つのプライマリー AWS リージョンと、最大 5 つの読み取り専用のセカンダリー AWS リージョンで構成します。複数のリージョンにまたがって、低レイテンシーの読み取りを可能にします。変更は最小限の遅れ（通常は 1 秒未満）で AWS リージョン間で

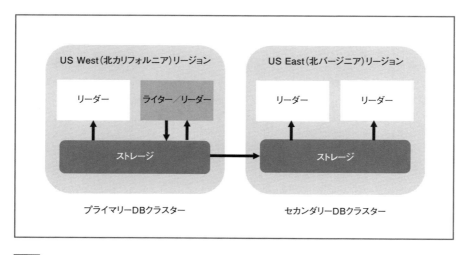

図2 Auroraグローバルデータベースの概要

レプリケートされます。セカンダリークラスターは災害対策の高速なフェールオーバーを可能にします。通常、1分未満でセカンダリークラスターを昇格させて書き込みに対応できます。

(3) Aurora Machine Learning

　現在、リレーショナルデータベース（RDB）のデータで機械学習を使用するには、データベースからデータを読み取り、機械学習モデルを適用するカスタムアプリケーションを開発する必要があります。

　「Aurora Machine Learning」を使用すると、SQLを使用してRDBのデータに機械学習モデルを適用できます。機械学習の経験やスキルを必要とせず、クライアントが実行するSQLを変更するだけで、アプリケーションで対話的に機械学習サービスを利用できるようになります。

(4) Federated Query

　「Amazon Redshift」はいわゆるビッグデータを扱うデータウエアハウス（DWH）

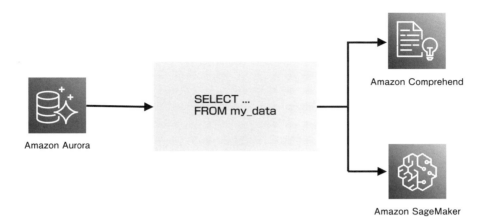

Amazon Comprehend

Amazon Aurora

SELECT ...
FROM my_data

Amazon SageMaker

Amazon Comprehend：機械学習を使用してテキストのインサイトを見つける自然言語処理（NLP）サービス
Amazon SageMaker：カスタム機械学習モデルを迅速に構築・トレーニング・デプロイする機能を提供するサービス

図3 Auroraのデータで機械学習を利用する際の概要

です。DWH としては AWS 上で最も利用されています。その Redshift から
Aurora PostgreSQL や Aurora MySQL に対してデータベースリンクする機能が
「Federated Query」です。

　この機能を用いることで、Redshift から直接 Aurora PostgreSQL や Aurora
MySQL のテーブルに接続して ETL（抽出・変換・書き出し）／ELT（抽出・
書き出し・変換）を処理するクエリーを実行できるようにします。

　従来はいったん S3 にデータをエクスポートしてから、それを Redshift に取り
込むといった手法を取る必要がありました。この機能によってデータ連係の工程
が 1 つなくなることになります。データ連係の難易度が一段下がり、開発スピー
ドを上げられます。

（5）S3 インポート・エクスポート
　Aurora MySQL の S3 インポート・エクスポートは以前から存在しましたが、

2019 年 6 月に Aurora PostgreSQL に対しても、S3 からのデータインポート機能がサポートされるようになりました。PostgreSQL の COPY コマンドでサポートされている任意のデータ形式をインポートできます。

　AWS 上にデータレイクを構築する場合、S3 を中心に構築するケースがほとんどです。しかし「Amazon RDS for Oracle（RDS Oracle）」や「Amazon RDS for SQL Server（RDS SQL Server）」は直接 S3 とのやり取りはできません。データをインポートする際はいったんデータを RDS 側へ持ってくる必要があったり、逆にエクスポートするときはデータを RDS のローカル上に出力してから S3 に転送する必要があったりします。

　一方、Amazon Aurora は S3 のデータに対して直接インポート／エクスポートできます。これは大きなメリットです。クラウド上で複数のサービスを組み合わせて構築することの多い DX のシステムの場合、データレイク（この場合は S3）を介してデータを連係するアーキテクチャーが有利です。データの収集においてはデータレイクに対するエクスポート操作が必要であり、データの活用においてはデータレイクに置かれているデータのインポート操作が必要です。

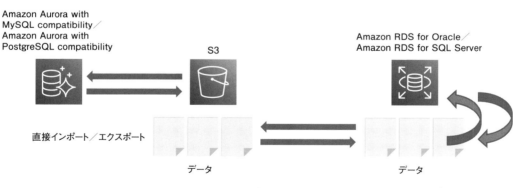

図2 Amazon Aurora、RDS for OracleとS3の連係の概要

　Amazon Aurora はデータレイク（S3）に対して直接インポート・エクスポートの操作ができるため、DX を促進するアーキテクチャーの 1 つと言えます。

（6）スケールアウトとスケールイン
　DX を目指す企業のシステムは急激なデータ量の増加や、利用者のアクセス数の増加を伴うことが予想されます。「Amazon Aurora Auto Scaling」を利用することで、スケールアウトやスケールインが容易にできます。なお、Amazon Aurora Auto Scaling は以前から備わっている機能で、新機能というわけではありません。

　Aurora Auto Scaling はレプリカの数を動的に調整してくれます。急激な接続数の増加や処理量の増加に対応できます。接続数や処理量が減ると、DB インスタンスに対する料金が発生しないように、不要なレプリカを削除してくれます。

　2020 年に追加された機能が、Aurora ストレージの動的なサイズ変更です。DROP TABLE、DROP DATABASE、TRUNCATE TABLE などによって空き領域となった部分は、非同期でリサイズされるようになっています。

Amazon Aurora のデメリット
　DX に取り組む際に AWS 上で RDB を利用する場合、Amazon Aurora を選択することが有力な選択肢となりますが、当然ながらデメリットも存在します。

（1）強制アップデート
　Amazon Aurora はサポート期限が切れると自動的に特定のバージョンへ強制アップデートされてしまいます。そのため、定期的にマイナーバージョンのアップデートをする必要があります。

　例えば、以下は 2021 年 2 月 7 日に発表された Aurora MySQL の強制アップデートの内容です。

「2021 年 9 月 1 日 00:00:01 UTC (2021 年 9 月 1 日 09:00:01 JST)— RDS は、メンテナンスウィンドウ中であるかどうかに関わらず、残りの MySQL 5.6 インスタンスをバージョン 5.7 に自動的にアップグレードします。」

以下は 2021 年 2 月 3 日に発表された Aurora PostgreSQL の強制アップデートの内容です。

「2022 年 2 月 15 日 — RDS は、メンテナンスウィンドウ中であるかどうかに関わらず、残りの Amazon Aurora for PostgreSQL 9.6 インスタンスを適切なバージョンに自動的にアップグレードします。」

バージョンアップのためのテストなどの作業が生じます。

(2) 最新バージョンの提供は遅れてやってくる

コミュニティー版 PostgreSQL のバージョン 12 がリリースされたのは、2019 年 10 月 3 日です。同じように、コミュニティー版 PostgreSQL のバージョン 13 がリリースされたのは、2020 年 9 月 24 日です。一方、Amazon Aurora で PostgreSQL のバージョン 13 の互換性版がリリースされたのは 2021 年 8 月 26 日です。

そして、MySQL8.0.11 が一般提供されたのは 2018 年 4 月 19 日ですが、Aurora MySQL の MySQL8.0 互換性版がリリースされたのは 2021 年 11 月 18 日でした。

このように、最新バージョンの提供は遅れてやってきます。いち早くいち早く最新機能を利用したい場合はデメリットになります。

(3) 料金が RDS よりやや高い

Aurora の PostgreSQL、MySQL は、RDS の PostgreSQL、MySQL と比べると料金が高く設定されています。一例として「db.r5.large インスタンス」の 1 時

間当たり料金で比較すると、RDS for PostgreSQL では 0.30 米ドル、Aurora PostgreSQL では 0.35 米ドルです。性能が高く機能が豊富であることに料金相応のメリットがあるか検討して選択してください。

（4）情報収集と学習コスト

　毎年、大量のアップデートがなされる Amazon Aurora は、その情報収集と学習コストがかかります。S3 との連係、Redshift との連係、機械学習サービスとの連係、サーバーレス系サービスとの連係、それらに関連するネットワーク設定、IAM（Identity and Access Management）の設定など、必要とされる知識は多岐にわたります。

　RDB だけでも、RDS で 4 種類、Aurora で 2 種類あります。NoSQL や Redshift も加えればそれ以上のデータベースサービスが存在することになります。また、クラウドは AWS だけではなく、他にも Microsoft Azure や Google Cloud Platform、Oracle Cloud などが存在します。それらのクラウドに対して網羅的にデータベースサービスを理解して最適なアーキテクチャーを考えることのできるエンジニアはまだ少ないと言えます。

　新たな機能を DX に活用していくためには、エンジニアリソースの一定割合を情報収集、学習に充てて、ベンダーやパートナー、ユーザーグループから情報を得るようにするとよいでしょう。

2-2　Azure SQL Database Hyperscale

進化するPostgreSQL Hyperscaleを使う理由

今日のデータベースにはACID特性だけでなく、スケーラビリティーが求められる。
従来のRDBだけではデータ量の増減に対応するためのスケールイン／アウトは難しい。
PostgreSQLの機能拡張である米マイクロソフトの「Hyperscale」の活用が考えられる。

　DX（デジタルトランスフォーメーション）において、データ量の増減に柔軟に対応することは避けて通れない問題です。そのため今日のデータベース（DB）には従来のACID（Atomicity、Consistency、Isolation、Durability）特性だけでなく、スケーラビリティーが求められます。

　しかし、従来のリレーショナルデータベース（RDB）だけではデータ量の増減に対応するためのスケールアウト／スケールインの実現は難しく、そうしたニーズに対しては一般的には非リレーショナルデータベースであるNoSQL（Not Only SQL）が選択されます。

　一方でNoSQLには次のような問題があります。完全なACID特性を提供しない、エンジニアの追加学習コストがかかる、既存のRDBとのデータ連係が難しい——といった点です。一口にNoSQLといってもMongoDBのようなドキュメント型DBやRedisのようなKey-Value型DBなど様々な製品が存在します。その性質や得意分野は大きく異なります。

　そのためサービスに最適な製品を選ぶには、その製品とアプリケーションの性質を十分に熟知する必要があります。さらにサービスの特性によっては複数種の

NoSQL 製品を利用する必要があり、各製品間でのデータ同期の難しさといった
問題も発生します。

　米 Microsoft（マイクロソフト）の「Azure Database for PostgreSQL（以下、
Azure PostgreSQL）」で提供されるデプロイオプションの 1 つである「Hyperscale
（Citus）（以下、Hyperscale）」を利用すれば、従来の RDB のメリットを維持し
たまま高いスケーラビリティーを享受できます。

　Hyperscale は PostgreSQL のフォーク（派生）ではなく拡張機能であるため、
従来の PostgreSQL で利用できるコマンドはそのまま利用できます。既に
PostgreSQL のスキルを持つエンジニアであれば Hyperscale を利用するためにか
かる学習コストは比較的小さいということです。ここでは最初に Hyperscale の
アーキテクチャーや特徴および従来の PostgreSQL との違い、注意点について説
明します。そして、それらを踏まえてどのようなサービスにフィットするかを解
説します。

Hyperscaleのアーキテクチャーとその特徴

　まず Hyperscale のアーキテクチャーについて解説します。Hyperscale は 1 台
のコーディネーターノードと 2 台以上のワーカーノードで構成します。コーディ
ネーターノードの役割はどのデータがどのワーカーノードに存在するのかという
メタデータを適切に管理し、アプリケーション（クライアント）からリクエスト
を受け取り、その内容に従ってクエリーを適切なワーカーノードにプッシュダウ
ンすることです。

　プッシュダウンとは一般的に検索条件による絞り込みをそのサーバー本体では
なく別のサーバーにさせることです。一方ワーカーノードの役割はコーディネー
ターノードからプッシュされたクエリーを実行し、その結果をコーディネーター
ノードに返すことです。最終的な結果セットはコーディネーターノードを通して
クライアントに返されます。

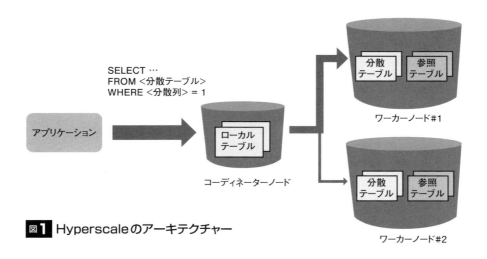

SELECT …
FROM <分散テーブル>
WHERE <分散列> = 1

図1 Hyperscaleのアーキテクチャー

　例えば図1に記載されているクエリーのように、対象となるデータがワーカーノード＃1に存在する場合、コーディネーターノードはワーカーノード＃1にのみクエリーをプッシュしその結果をアプリケーションに返します。必要となるデータが存在するワーカーノードにのみアクセスすればいいため、1台のDBと比べて並列性が向上します。

　一方で分析クエリーのようにすべてのデータを集計するクエリーに対しては、コーディネーターノードはすべてのワーカーノードにクエリーをプッシュし、個々のワーカーノードがそれぞれ集計します。これにより1台のサーバーで集計処理をするより高速なレスポンスが期待できます。

　アプリケーションから見るとコーディネーターノード1台だけでクエリーが完結しているため、まるで1台のPostgreSQLサーバーに接続しているかのように見えます。なお、アプリケーションはコーディネーターノードにのみ接続できます。ワーカーノードには一切アクセスできないため注意してください。

　3種類のテーブルが存在することもHyperscaleの特徴です。

表1 Hyperscaleにおける3種類のテーブル

名称	特徴	用途
分散テーブル	・分散列によってワーカーノードに分散される ・データセット・成長度が高いテーブル ・各ワーカーノードに保存されている分散テーブルの内容は異なる	トランザクションテーブル
参照テーブル	・すべてのワーカーノードにレプリケートされる ・データセット・成長度が低いテーブル ・各ワーカーノードに保存されている参照テーブルはすべて同じ ・分散テーブルとJOINされる	マスターテーブル
ローカルテーブル	・コーディネーターノードにのみ存在するテーブル ・参照テーブルと異なり分散テーブルとJOINする必要が無いテーブルを指定する	認証情報管理など小規模な管理用テーブル

　1つは分散テーブルと呼ばれ Hyperscale で最も重要なテーブルです。分散テーブルはテーブル上の列の値によって決定的にワーカーノードに分散されるテーブルです。またその列を分散列と呼びます。

　分散テーブルという概念はパーティションをイメージすると分かりやすいかもしれません。パーティションとはテーブルをある基準に従ってより小さいテーブルに分割する技術です。一般的にパーティションされたテーブルは同じマシン上に保存されますが、分散テーブルは完全に独立したマシン上にデータが分散されています。

　分散テーブルにはデータ量が多くデータ成長度も高いテーブルが適しています。例えば売上管理テーブルのようにユーザーのアクションや業務に伴って発生する記録を管理するいわゆるトランザクションテーブルが分散テーブルにマッチしています。分散テーブルの設計においてはどの列を分散列に指定するかということが非常に重要です。分散列の選択が Hyperscale のパフォーマンスに直結するといっても過言ではありません。

　一般的に分散列には選択性（カーディナリティー）が高く WHERE や GROUP

BY などの条件で利用される列が望ましいとされます。結合（JOIN）の対象であれば結合列に指定される列を選択するとよいでしょう。またホットスポットができてしまうことを避けるために値の偏りが大きくない列を選択することも大切です。

さらに Hyperscale では分散列に対して更新（UPDATE）ができないという制約があります（どうしても分散列を更新したい場合は一度 DELETE して再度 INSERT する必要があります）。そのような条件を考慮すると分散列にはユーザー ID や品目コードなどのエンティティーを一意に識別でき、キーとなる列が適しているといえます。

2つ目は参照テーブルです。参照テーブルはすべてのワーカーノードにレプリケートされます。つまり、各ワーカーノードに存在する参照テーブルはすべて同じ内容になるということです。マスターテーブルのように比較的データ量が小さく、分散テーブルと結合する必要があるテーブルが参照テーブルに適しています。

3つ目はローカルテーブルです。ローカルテーブルはワーカーノードには置かれずコーディネーターノードにのみ存在します。参照テーブルと同じくローカルテーブルにはデータ量が小さいテーブルが適しています。参照テーブルと異なる点は、ローカルテーブルは分散テーブルと結合しないことです。そのためデータ量が小さいテーブルについては、分散テーブルと結合する必要があるテーブルは参照テーブルに、結合しないテーブルはローカルテーブルに分類します。

Hyperscale を効率的に利用するためにはサービスと個々のテーブルの特性を十分に理解し、DB 上のテーブルをこれら3つのテーブルに適切に分類する必要があります。

Azure PostgreSQLとの比較

前述したように Hyperscale は PostgreSQL の拡張機能です。そのため Hyperscale は基本的に PostgreSQL のように利用できます。しかし、Azure

表2 Azure PostgreSQLとHyperscaleの比較

	Azure PostgreSQL	Hyperscale（Citus）
最小構成	1台	3台
サポートされているPostgreSQLバージョン	11.11/10.16/9.6.21	14.0/13.4/12.8/11.13
1台当たりの最大スペック※1	コア数:64 メモリー:320GB ストレージ:16TB IOPS:最大2万	コア数:64 メモリー:256GB/432GB※2 ストレージ:2TB IOPS:最大6148
冗長化オプション	ローカル冗長／Geo冗長	各ノードにスタンバイレプリカ
SLA	月間稼働率99.99%	月間稼働率99.95%
スケーラビリティー	ある程度データ量が多いと難しい	ワーカーノードを増やすことで水平方向へのスケーリングが可能

※1 Azure PostgreSQLの対象の価格レベルは汎用目的（General Purpose）、HyperscaleはStandardレベル
※2 それぞれ左からコーディネーターノード、ワーカノードの最大搭載可能メモリー
各情報は2021年12月時点のもの

PostgreSQLと比較した場合、利用できるバージョンやサーバー1台当たりの最大スペック、冗長化の方法などに違いがあります。なおAzure PostgreSQLには他にもフレキシブルサーバーというデプロイオプションがありますが、ここでは比較の対象外とします。

　Hyperscaleには複数のワーカーノードが存在するため個々のリソースをシステム全体で効率的に利用できることに注意してください。例えばワーカーノード1台の最大IOPS（Input／Output Per Second、毎秒I／O）は6000程度ですが、4台あれば2万4000IOPSを超え1台のAzure PostgreSQL以上の値となります。ある程度のデータ量の範囲であれば最小構成台数が1台である通常のAzure PostgreSQLの方がコスト効率は高いといえます。Hyperscaleがフィットするのは大規模なデータセットに対して1台のAzure PostgreSQLだけでは性能要件を満たせないシステムです。具体的な内容は後述します。

Hyperscaleのメリット

　HyperscaleはAzureが提供するPaaS（プラットフォーム・アズ・ア・サービ

ス）です。そのためハードウエアやOSについてユーザーが管理する必要はありません。開発者はアプリケーションの開発・保守に注力できます。また冗長化オプションを有効にしている場合、一部のノードに障害が発生しても自動でフェイルオーバーが発生するため可用性が高くなるといったメリットもあります。

　さらにPaaSらしく、統合型コンソールの「Azure Portal」から簡単にHyperscaleの構成を管理できます。ノードのスペックを変更したり、ノード数を増やしたりといった操作はAzure Portalからオンライン上でできます。まずはコーディネーターノード1台、ワーカーノード2台の最小構成からスモールスタートで始められます。

　データ量が増えてきたらノードのスペックを上げるか、ワーカーノードを増やすかといった対応をすればコスト効率よく運用できます。なお、ワーカーノードの最大数は20です。それ以上のノードが必要な場合はマイクロソフトにリクエストを送る必要があります。極めて大規模なサービスで多くのワーカーノードが必要な場合はあらかじめ把握しておきましょう。

　次にHyperscale自身のメリットとして、並列性およびスケーラビリティーが高いという点が挙げられます。独立しているノードにデータが分散されているためです。一般的にDB内のデータ量が増えるとパフォーマンスは劣化しますが、Hyperscaleではワーカーノードを増やすことで各ワーカーノードのデータ量の増加量が緩やかになります。その結果パフォーマンスの劣化を抑えることができます。

　また、ワーカーノードへのクエリープッシュダウンはコーディネーターノードがすべて実行しているためアプリケーション側で欲しいデータがどのノードに存在するかを意識する必要がありません。前述のようにアプリケーションから見ると1台のPostgreSQLサーバーに接続しているように見えます。そのため、既にPostgreSQLを利用している環境からHyperscaleに移行を検討する場合、アプリケーションの改修コストは他のRDBもしくはNoSQLに移行する場合と比較

して低く済みます。

　さらに基となる PostgreSQL は OSS（オープンソースソフトウエア）であるため Hyperscale を利用するための追加のライセンスは不要であり、コスト面のメリットも存在します。

Hyperscaleを使う際の注意点

　Hyperscale は高い並列性とスケーラビリティーをもたらします。しかし、テーブルの分類や分散列の設定が不適切であるなど誤った設計をしてしまうと、単一の DB で処理しているときよりもかえってパフォーマンスが悪くなる恐れがあります。

　特にトランザクション中に 2 つ以上のワーカーノードにアクセスすると少なからずネットワークオーバーヘッドがかかるため、OLTP（オンライントランザクション処理）のような頻繁に実行されるトランザクションはなるべく小さく 1 つのワーカーノードで完結するように設計する必要があります。

　同様に分散テーブル同士を結合する場合、それらのテーブルが互いに異なるワーカーノードに存在するとオーバーヘッドが発生します。そのため結合するテーブルは結合キーを分散列に指定するのが望ましいといえます。実際に筆者が TPC-C ベンチマークテストをしたところ、分散列を適切に設定した場合はそうではない場合に比べてベンチマークスコアが数倍～数十倍もよいことを確認しています。Hyperscale を利用する前には必ず本番同様のデータ量・トランザクションで負荷試験および性能試験をすることを強く推奨します。

Hyperscaleがフィットするサービス

　最後に Hyperscale の性質を踏まえたうえでどのようなサービスがフィットするかについて解説します。まず Hyperscale がフィットするシステムの特徴を 2 つ挙げます。1 つはデータセットが少なくとも 100 ギガバイト程度の大きなテーブル（もしくは成長度が極めて高いテーブル）が存在することです。逆にデータセットの小さいテーブルが多くあるようなサービスでは Hyperscale は不向きで

す。なぜならデータセットが小さいテーブルを分散させてもパフォーマンス向上のメリットよりもネットワークオーバーヘッドなどのデメリットの方が上回ってしまう可能性が高いからです。

　2 つ目は単一の DB では満たせない極めて高速なレスポンス、高いスループットが要求されるものです。Hyperscale では多くのワーカーノードを用意することで大規模なデータに対して高速なレスポンス、高いスループットを実現します。

　これらを踏まえて Hyperscale がフィットするサービスとして EC（電子商取引）サイトや FX（外国為替証拠金取引）売買システムのような巨大なデータセットを持ちながら、なおかつ個々のユーザーの操作には高速なレスポンスタイムを要求されるシステムが挙げられます。

　このようなシステムには厳しい要件を満たすために高額なインメモリーデータベースが使われることがあります。Hyperscale ではワーカーノードを増やすことに加えて各ノードをスケールアップできます。Hyperscale はその特徴から個々のリソースを効率よく使えるため、多くのメモリーを搭載したワーカーノードが複数台あれば巨大なインメモリーデータベースのように振る舞います。さらに従来のインメモリーデータベースと比べて Hyperscale にはスケーラビリティーと、ライセンスが不要であることによるコスト面の優位性があります。

　マルチテナントの SaaS（ソフトウエア・アズ・ア・サービス）アプリケーションも Hyperscale にフィットするシステムだといえるでしょう。SaaS アプリケーションはデータセットがユーザー数に比例して大きくなっていきます。多くのユーザーが利用する SaaS アプリケーションの場合、DB 全体のデータセットが数百ギガバイトから数テラバイトまたはそれ以上になることも珍しくありません。

　一方でそのようなマルチテナントアプリケーションにおけるトランザクションは基本的にユーザー単位で完結し、他のユーザーのデータを参照するケースはあまりありません。そのため 1 つのトランザクション処理を 1 つのワーカーノード

で完結できるように設計するのが比較的容易といえます。またユーザー数が急激に増えた場合でも Hyperscale であればワーカーノードを増やすだけでパフォーマンスの劣化を防げます。

　以上のように Hyperscale はその範囲は限定的ではありますが、フィットするサービスに対しては高いパフォーマンスとスケーラビリティーを両立した強力なソリューションになるでしょう。

2-3　Amazon Redshift

AWSのDWHサービス Redshiftができること

データウエアハウス（DWH）は大量データの収集、蓄積に特化したデータベースである。
DWHの構造は複雑で構築は容易ではなく、データ保全や管理のコストも高額になる。
こうした課題解決に使えるDWHのクラウドサービスが「Amazon Redshift」である。

　ここで取り上げる「Redshift」は米 Amazon Web Services（アマゾン・ウェブ・サービス、AWS）が提供するデータウエアハウス（DWH）サービスです。まずは DWH の特徴について確認していきましょう。

RDBMSとDWH

　DWH は RDBMS（リレーショナルデータベース管理システム）の一種であり、大量のデータを収集、蓄積、分析することに特化したデータベースです。Oracle や SQL Server などの RDBMS を大量データの収集、蓄積、分析用途で利用することもありますが、分析に特化したデータベースとして DWH をシステムに組み込むケースが増えています。

　DWH の特徴として、分析などで大量のデータを扱う際に高速に処理できることが挙げられます。RDBMS がこのような処理を苦手とするのは、行指向データベースであるためです。行指向データベースは、表に格納された行を最小単位のデータとして扱います。列単位でデータを分析する際、行単位でデータを保持する RDBMS の場合、全ての行にアクセスしないと結果を得られないため非効率です。

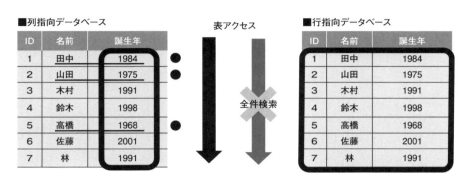

【検索条件】
1990年以前に生まれている人

図1 列指向データベースと行指向データベースの考え方

　一方、DWH は列単位でデータを保持します。そのため列単位でデータを処理
する際に、無駄なく目的のデータにアクセスできます。このような特徴を持って
いることから、DWH は列指向データベースと呼ぶこともあります。

　圧縮効率にも注目すべきです。行指向データベースである RDBMS は1行が1
つのデータであるため、その中に含まれるデータ型は文字列や数字、日付などさ
まざまです。一方、列指向データベースは1列が1つのデータ群であり、データ
型はいずれも同じです。そのため、圧縮効率が高い列データにアクセスできると
いうメリットがあります。

　RDBMS と DWH はデータの扱い方が違うため、データモデルを最適化する方
法も異なります。あくまでも一例ですが、RDBMS は正規化して表を分けること
でデータ量を減らし、読み込みやデータ更新の処理効率を上げます。一方、
DWH は一括データ更新と大量データ取り扱いを得意とするため、非正規化した
ほうが処理効率は良くなる場合があります。

DWHが苦手な処理

　DWH は一括でデータを書き込み、大量データを読み込んで扱うような処理を得意としています。一方で継続的な書き込みや更新などのオンライントランザクション処理は苦手です。DWH は分析用、RDBMS はオンライントランザクション用としてそれぞれが得意とする処理をするように、個別に構築すべきでしょう。

　分析用のデータベースとして DWH を構築する場合、運用を始めるまでには多くの壁があります。DWH の構造は複雑であり構築は容易ではありません。RDBMS とは使い方が異なるためデータモデリングのように DWH についての専門的な知識があるエンジニアを必要とします。

　さらに構築フェーズが長期になることも多く、その期間中もハードウエアやソフトウエアに費用がかかります。その分、コストが大きくなりやすいと言えます。DWH の特性上、ハードウエアは大規模なものとなり、それに伴いソフトウエアのライセンスも高額になるのが一般的です。DX（デジタルトランスフォーメーション）で試行を繰り返したくても、構築の難解さとコストの壁が大きく立ちはだかります。

　構築が完了して運用が始まると、データが蓄積され、処理で扱うデータ量も多くなります。すると徐々に処理パフォーマンスが劣化していきます。当然ですがDWH に蓄積されていくデータが崩れないように、データの保全や管理をするエンジニアも必要になります。処理データ量が増えると拡張しなければならない場合もありますが、オンプレミスの環境では容易に拡張や縮小はできません。

　これらの問題の解決策の1つがクラウドサービスである Redshift を利用することです。Redshift を利用した場合、これらの問題がどのように解消されるのかを見ていきます。

Redshiftの特徴

　Redshift はマネージドサービスであり、AWS の管理画面から簡単に作成可能で、パフォーマンスの状況も確認できます。ペタバイト規模のデータを扱えるだけでなく、AWS によって処理が高速化されるように設計されており、DWH として利用を始めやすくなっています。

　バックアップは手動取得も自動取得もいずれも設定可能です。AWS のストレージサービス（S3）に安全に格納され、リストアも容易で任意の時間に復元できます。データの暗号化については、Redshift が AWS の暗号化キー管理サービス（KMS）と統合されているため簡単な設定で済みます。

　拡張と縮小について、Redshift の仕組みも含めて説明します。Redshift はクラスターごとに 1 つのリーダーノードと 1 つ以上のコンピュートノードで構成されています。リーダーノードはクライアントアプリケーションから命令を受け取り、コンピュートノードに処理をさせます。複数のコンピュートノードが存在する場合は、それぞれが独立しているためディスクも各ノードで個別に保持しています。

　リーダーノードは 1 つのタスクを複数のコンピュートノードに分散して処理をさせます。コンピュートノードを追加することで 1 ノード当たりの処理量が減るので、スケールアウトできます。

　ノードを追加すると、クラスターへの組み込みやデータ再配置を Redshift が自動で担います。オンプレミスとは違い、Redshift ではダウンタイムを発生させずに拡張や縮小が容易にできます。

　こうしたことで運用管理は大幅に簡略化されましたが、DWH をクラウド化する一番のメリットはコスト面かもしれません。オンプレミスでは高額な機器を用意し、ソフトウエアライセンスを購入しなければならず、気軽に試行を繰り返すことはできませんでした。Redshift は他の多くのサービスと同様、従量課金で利

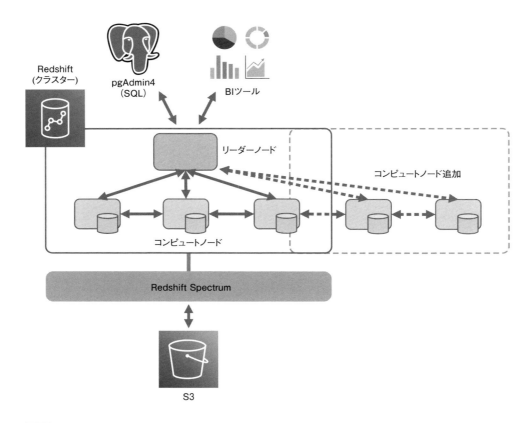

図2 Redshift(リーダーノード／コンピュートノード)とRedshift Spectrum

用できます。PoC（概念実証）などを試せます。その結果、仮に撤退する場合でも損失を最小限に抑えられます。DX を進める上で、手軽に試せなかったオンプレミスとは異なり、Redshift にはコスト面と試行という点で大きなメリットがあります。

　Redshift でデータの取り扱いは PostgreSQL8.0.2 に準拠した仕様となっているため、PostgreSQL のクエリーツールを利用してデータを操作できます。既にPostgreSQL データベースを利用しているユーザーには親和性が高いため、既存

のシステムに Redshift を組み込みやすくなります。

　また、Redshift のデータ操作のために、データ管理者が Python や PHP など
の言語を習得しなくてもよく、既存の PostgreSQL の DBA（データベース管理者）
のノウハウを流用できます。データ活用という観点では Tableau などの一般的な
BI（ビジネスインテリジェンス）ツールともシームレスに連係できます。Redshift
へのデータロードは、S3 から COPY コマンドで取り込めますし、SQL で直接投
入することもできます。

拡張機能のRedshift Spectrum

　Redshift には Spectrum という拡張機能が用意されています。Spectrum とは
S3 に配置しているファイルに対して直接クエリーを発行できる機能です。S3 に
さまざまなデータを集めることで、Redshift にデータをロードすることなく、デー
タの分類や目的に合わせたアドホック分析が可能になります。

　DX における重要な要素の1つは、物事を素早く簡単にできるかどうかです。
S3 をデータレイクとしてそのまま利用できる Spectrum は、分析において DX を
有利に進められます。さらに Spectrum は Redshift に存在するデータと結合す
るような SQL も実行できます。AWS の別のサービスである Athena も S3 に対
してクエリーを実行できますが、DWH などのデータとは結合できません。

　パフォーマンス面でも差があります。Athena は AWS がクエリーのリソースを
割り当てて実行するため、パフォーマンスの劣化が起こってもユーザー側で制御
できません。しかし、Redshift Spectrum は Redshift のクラスターのリソースに
依存するため、リソースを増強してパフォーマンスを向上させるなどの制御が可
能です。

Redshiftのチューニング

　Redshift の構築も運用もオンプレミスと比較して難しくはなく、データの扱い
も PostgreSQL のクエリーを使用することで容易になっています。クラウドサー

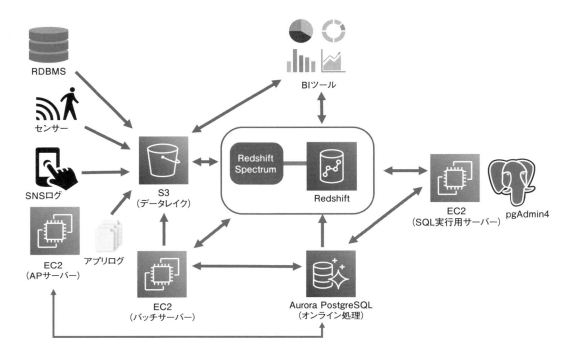

図3 Redshiftを含むシステム構成例

ビスの特徴である「始めやすさ」は、Redshift でも整備されていることが分かります。

　ただし、これだけですぐに運用を始められるわけではありません。例えばコンピュートノードはそれぞれが独立していると説明しましたが、それぞれのノードはディスクを共有しているわけではなく、同じデータが格納されているわけでもありません。それぞれが別のデータを格納しているため、多くのノードに分散したデータを扱う処理をする場合は、処理内でノード間通信が発生します。リーダーノードに処理を返すまでに時間がかかります。

　このようなレスポンス遅延などに対処しなければならないため、Redshift の仕

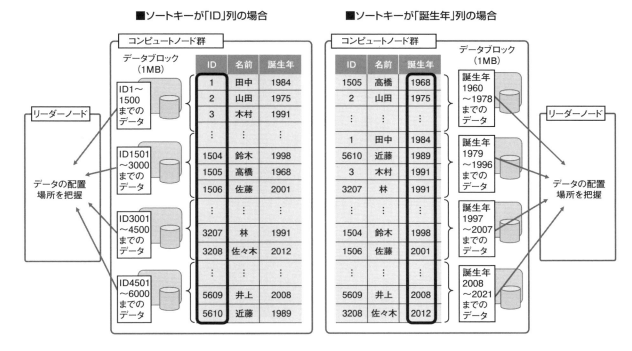

図4 ゾーンマップとソートキーのイメージ

組みを理解した上で、構築・運用できるエンジニアが不可欠になります。前述の
例で言うと、Redshift のリーダーノードはコンピュートノードに処理を割り当て
る際、ゾーンマップという機能を利用します。ゾーンマップとはコンピュートノー
ドに格納されているデータに対して、どこにどのようなデータが配置されている
か、おおよその位置をリーダーノードが認識し、どのノードにどのような処理を
どのように実行するかまで計算してから処理を割り当てる機能のことです。

　ゾーンマップの機能によって、不要なデータにはアクセスしないような処理が
できます。データをどのように格納するかがチューニングのポイントになります。
Redshift では表ごとにソートキーを指定できます。ソートキーとして設定した列
のデータでソートして格納することで、多くのコンピュートノードにデータが分

散する事態を抑制できます。その結果、ノード間通信も抑えられます。

　ソートキーで指定する列は検索条件となりやすいデータを指定するのが有効です。ソートキーには COMPOUND ソートキーと INTERLEAVED ソートキーの2種類があります。COMPOUND ソートキーは RDBMS の B-tree 索引に似ており、1つ目の列、2つ目の列と順番にソートされます。INTERLEAVED ソートキーは COMPOUND ソートキーよりも新しい技術であり、最大8つまで列を指定できます。指定した列は全て同等に扱われるため1つ目の列、2つ目の列などの優先順位はなく、指定した全ての列でソートが実行されます。Redshift のデフォルトは COMPOUND ソートキーであり、ほとんどの場合パフォーマンスの改善に有効であるため、INTERLEAVED ソートキーを使用する機会は多くありません。

　ここで紹介したチューニング例はあくまでも1つの例であり、実際の運用では問題となった処理の解析、ボトルネックの特定、ボトルネックに適した対処法を講じなければ効果は出ません。

次世代コンピュートインスタンス「RA3」

　Redshift は 2022 年1月現在、「DC2」「DS2」「RA3」の3世代の中からインスタンスタイプを選択できます。AWS は次世代コンピュートインスタンスである RA3 を推奨しています。では RA3 は他の世代と何が違うのでしょうか。

　最も分かりやすい違いはストレージとコンピューティングを別々にスケールできることです。DWH では大量データを格納するため、処理能力を上げる必要はないがストレージだけ追加したい、といった要望に応えられます。

　RA3 は「AWS Nitro System」上に構築されており、アクセス頻度の高いデータについては SSD ベースのローカルストレージにキャッシュし、アクセス頻度の低いデータについてはキャッシュアウトして S3 に格納しておくマネージドストレージを採用することで高いパフォーマンスを実現しています。AWS は Redshift RA3 が他の DWH と比較して3倍のパフォーマンスを実現し、Redshift

DS2と比較して2倍のパフォーマンスとストレージ容量を同じコストで実現させたと紹介しています。

　RA3でしか利用できないRedshiftの機能もあります。中でも注目は「Advanced Query Accelerator（AQUA）」です。AQUAは新しい分散型のハードウエアアクセラレーションキャッシュであり、特定のタイプのクエリーを自動的にブーストすることで他のDWHよりも最大10倍高速にクエリーを処理できます。既に旧世代のRedshiftを利用中の方もRA3にアップグレードすることで、これらの特徴や機能を利用できます。

　AWSはRedshiftについて、オンプレミスでDWHを構築した場合と比較して、10分の1の費用で利用できるとしています。構築フェーズでも運用フェーズでもオンプレミスよりコスト面で有利となり、簡単に利用を開始できることから、仕様期間を設けてPoCを実施することに対してもハードルが低いといえます。オンプレミスでDWHを構築して時間とコストを多く費やすよりも、コストが低く高性能であるRedshiftを試験利用し、エンジニアを育成・配置する方が建設的であり、これこそがDXを進める上で重要であると筆者は考えます。

　オンプレミスからAWSに移行する場合は、まずはS3にデータを集めてデータレイクを充実させてからRedshiftをミニマムで使い始めること、既にRedshiftを利用されている方は新しい世代にアップグレードして最新の機能を使い、低コストでハイパフォーマンスな環境に育てていくことが、ビジネスの成長に合わせたシステムの成長であり、DWHにおけるDXのあるべき姿だと言えるでしょう。

2-4　Azure Synapse Analytics

ビッグデータ分析のDWH Synapse Analyticsとは

DX の現場では新しいデータが増え、ビッグデータに対する分析要求が強くなる。非構造化データや非定型データを扱う基盤の中核がデータウエアハウス（DWH）である。
米マイクロソフトは DWH サービス「Azure Synapse Analytics」を提供している。

　DX（デジタルトランスフォーメーション）の現場では新しいデータが日々増えていき、ビッグデータに対する分析の要求が日に日に強くなっていきます。ビッグデータの大部分を占めているのはさまざまな種類や形式を含む非構造化データ・非定型データです。従来の管理システムでは記録・保管・解析が難しかった巨大なデータ群です。

　ビッグデータは「データの量（Volume）」「データの種類（Variety）」「データの発生頻度・更新頻度（Velocity）」の３つの V で構成されています。これらをリアルタイムにかつ高速に処理することで、これまでになかったビジネス視点での洞察や仕組み、システムの開発を可能にします。

　ビッグデータ基盤の中核をなすのがデータウエアハウス（Data Ware House、DWH）です。米 Amazon Web Services（アマゾン・ウェブ・サービス、AWS）の「Amazon Redshift」、米 Google（グーグル）の「Google BigQuery」、米 Microsoft（マイクロソフト）の「Azure Synapse Analytics」、米 Oracle（オラクル）の「Oracle Exadata」、米 Snowflake（スノーフレーク）の「Snowflake」などが有名です。特に各主要クラウドはこの分野でしのぎを削っている状況です。

　2-4 では主要クラウドの中でも、マイクロソフトの Azure に焦点を当て、Azure

Synapse Analytics の特徴を解説します。後半で Amazon Redshift との違いにも触れます。

Azure SQL Data Warehouseが進化

マイクロソフトは 2020 年 12 月 3 日（米国時間）、オンラインイベント「Shape Your Future with Azure Data and Analytics」で、クラウド分析サービスである Azure Synapse Analytics（以下、Synapse）の最新バージョンについて一般提供を始めると発表しました。

Synapse は「Azure SQL Data Warehouse」を進化させたサービスです。「Apache Spark」ベースのデータレイク機能を搭載し、分析サービスの「Azure Databricks」や ETL（抽出・変換・読み込み）サービスの「Azure Data Factory」、NoSQL サービスの「Azure Cosmos DB」などとの統合も実現しています。Synapse はクラウドだけでなく、オンプレミスや SaaS（ソフトウエア・アズ・ア・サービス）上のデータを収集し、変換・統合・分析できるビッグデータ分析マネージドサービスです。

分析後のデータは「Azure Data Lake Storage Gen2」に蓄積します。Azure

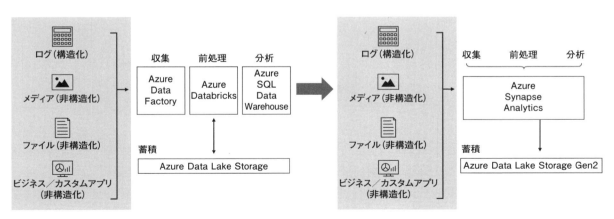

図1 Azure SQL DataWarehouseからAzure Synapse Analyticsへの進化の概要

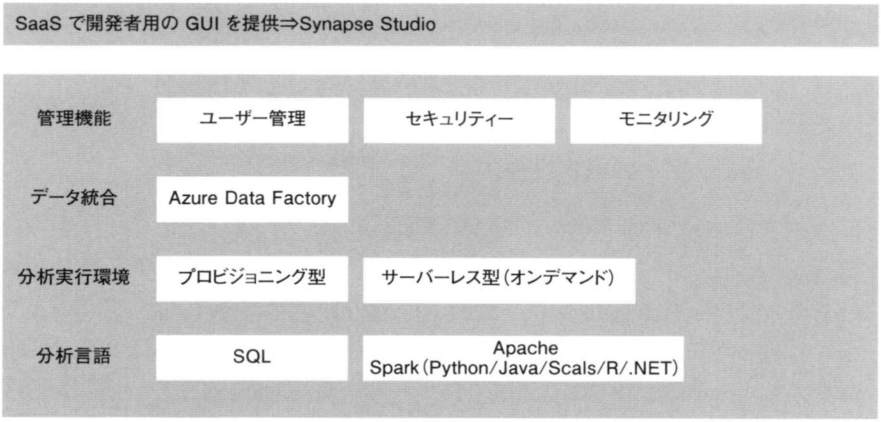

SaaS で開発者用の GUI を提供⇒Synapse Studio

管理機能	ユーザー管理	セキュリティー	モニタリング
データ統合	Azure Data Factory		
分析実行環境	プロビジョニング型	サーバーレス型(オンデマンド)	
分析言語	SQL	Apache Spark (Python/Java/Scals/R/.NET)	

SaaS:ソフトウエア・アズ・ア・サービス　GUI:グラフィカル・ユーザー・インターフェース

図2 Azure Synapse Analyticsのアーキテクチャー

Data Lake Storage Gen2 は Azure Blob Storage をベースとして、効率的にデータアクセスができるように階層型名前空間を追加したビッグデータ用のストレージです。何百ギガ単位のスループットを維持しつつ、ペタバイト単位の情報を利用可能にする目的で設計されています。

開発者用 GUI

　Synapse は SaaS 形式で「Synapse Studio」と呼ぶ開発者用 GUI（グラフィカル・ユーザー・インターフェース）を提供しています。Azure のコンソール画面で Synapse のワークスペースへ遷移すると「Open Synapse Studio」というボタンがあります。これを押すことで簡単に開けます。

管理機能

　管理機能としては、運用に必要なユーザー管理機能、アクセス制御などを担うセキュリティー機能、分析エンジンのリソース使用状況やデータフローのモニタリング機能を提供しています。データ統合としては、Synapse の中で Azure Data Factory が使えるようになっています。

分析実行環境

　分析実行環境については、プロビジョニング型とサーバーレス型（オンデマンド）の2つのタイプを用意しています。これについては後述します。

分析言語

　分析言語は T-SQL（Transact-SQL）と Apache Spark が用意する API（アプリケーション・プログラミング・インターフェース）が対応する言語（Python ／ Scala ／ R ／ .NET）をサポートしています。これらの言語から、データパイプラインのワークロードに応じたものを選択可能です。また、Synapse の Spark プールでは Anaconda ライブラリーがプレインストールされています。Anaconda は Python の機械学習、データ分析、視覚化などを行うライブラリーを提供します。

Synapseの特徴

　以下で Synapse の特徴を解説しています。

データパイプラインの構築が容易

　ビッグデータ分析をするためには、データパイプラインの構築が不可欠です。ただ収集しただけの生データは分析では使えません。通常、テキストデータやバイナリデータであれば、CSV 形式、JSON 形式、列指向の Parquet 形式といった処理しやすいデータ形式に変換して、分析可能な状態にしておく必要があります。

　変換も1度だけではなく、データ形式を変換した後、属性を追加したり、「ゴミ」データを排除したり、データの欠損を補ったりといった加工をします。時には前処理で集計処理をする場合もあります。タイムスタンプによって、10秒、30秒、60秒、360秒といった間隔でデータを集計し直すこともあるでしょう。ビッグデータ分析においては分析用途に応じたデータの前処理が数多く必要になります。

　これを自動化できるのが Synapse が内包している Azure Data Factory の役割です。例えばオンプレミスのデータソースへ接続してデータを抽出し、データ形式の変換や集計処理を行い、Parquet 形式で Azure Data Lake Storage Gen2 に

表1 Azure Data Factoryで用意されているコネクター

Azure	データベース	NoSQL
Azure BLOB Storage	Amazon Redshift	Cassandra
Azure Cognitive Searchインデックス	DB2	Couchbase（プレビュー）
Azure Cosmos DB（SQL API）	Drill	MongoDB
Azure Cosmos DBのMongoDB用API	Google BigQuery	MongoDB Atlas
Azure Data Explorer	Greenplum	
Azure Data Lake Storage Gen1	HBase	
Azure Data Lake Storage Gen2	Hive	
Azure Database for MariaDB	Apache Impala	
Azure Database for MySQL	Informix	
Azure Database for PostgreSQL	MariaDB	
Azure Databricks Delta Lake	Microsoft Access	
Azure File Storage	MySQL	
Azure SQL Database	Netezza	
Azure SQL Managed Instance	Oracle	
Azure Synapse Analytics	Phoenix	
Azure Table Storage	PostgreSQL	
	Presto	
	Open Hubを介したSAP Business Warehouse	
	MDXを介したSAP Business Warehouse	
	SAP HANA	
	SAP テーブル	
	Snowflake	
	Spark	
	SQL Server	
	Sybase	
	Teradata	
	Vertica	

出所:米マイクロソフトの資料を基に日経クロステック作成

年月日時分ごとに保存する、といった一連の流れを Synapse Studio 上の GUI を使って定義できます。単発でも実行できますし、スケジュール設定も可能です。条件分岐や繰り返し処理などもデータパイプラインで定義できます。データパイプラインのジョブ進捗状況をモニタリングすることも可能です。

	ファイルストレージ	サービスとアプリ	汎用プロトコル
	Amazon S3	Amazon Marketplace Web Service	汎用HTTP
	Amazon S3 互換ストレージ	Concur（プレビュー）	汎用OData
	ファイル システム	Dataverse	汎用ODBC
	FTP	Dynamics 365	汎用REST
	Google Cloud Storage	Dynamics AX	
	HDFS	Dynamics CRM	
	Oracle Cloud Storage	Google AdWords	
	SFTP	HubSpot	
		Jira	
		Magento（プレビュー）	
		Marketo（プレビュー）	
		Microsoft 365	
		Oracle Eloqua（プレビュー）	
		Oracle Responsys（プレビュー）	
		Oracle Service Cloud（プレビュー）	
		Paypal（プレビュー）	
		QuickBooks（プレビュー）	
		Salesforce	
		Salesforce Service Cloud	
		Salesforce Marketing Cloud	
		SAP Cloud for Customer（C4C）	
		SAP ECC	
		ServiceNow	
		SharePoint Onlineリスト	
		Shopify（プレビュー）	
		Square（プレビュー）	
		Web テーブル（HTML テーブル）	
		Xero	
		Zoho（プレビュー）	

　Azure Data Factory には 90 以上のコネクターが用意されています。AWS の「Amazon S3」にも対応していますし、「Microsoft 365」や米 Salesforce.com（セールスフォース・ドットコム）の「Salesforce」、独 SAP の「SAP ECC」などの各

種 SaaS に対しても専用コネクターを用意しています。これだけの機能が用意されているとデータパイプラインの開発コストを下げられるため、DX の加速に直結します。

T-SQL に便利な関数が実装済み

Azure Blob Storage 上のデータに対して、読み込むための関数が既に多数用意されています。OPENROWSET 関数はファイルを読み込む際に使います。OPENROWSET 関数と FILEPATH 関数を組み合わせることで、Azure Blob Storage 上のファイルに特定の文字列が入っているものだけを処理するといったことも可能になります。

JSON 形式のデータを扱うための OPENJSON 関数、JSON_VALUE 関数、JSON_QUERY 関数も用意しています。Azure Blob Storage 上のデータを Synapse 上の VIEW として定義して、「Microsoft Power BI」などの分析ツールから参照可能にするといった使い方ができます。

Synapse Studio 上でノートブックが利用可能

Synapse の Apache Spark はマイクロソフトがクラウドに実装したものです。そして、Synapse Studio 上のノートブックには、例えば選択した Azure Blob Storage 上のファイルを読み込むコードがあらかじめ組み込まれています。検索結果の表示方法についても、テキスト形式、表グラフ形式など自在に選べます。現在は PySpark（Python）、Spark（Scala）、.NET Spark（C＃）、Spark SQL といった言語が選択できます。

プロビジョニング型とサーバーレス型の内部アーキテクチャー

Synapse は2つの分析実行環境を用意しています。プロビジョニング型とサーバーレス型（オンデマンド）です。それぞれについて説明します。

プロビジョニング型

プロビジョニング型はリソースの占有を基本としたアーキテクチャーです。管

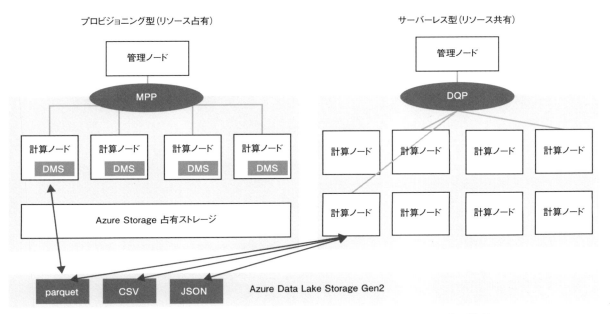

MPP：Massively Parallel Processing（超並列処理）
DMS：Database Migration Service

図3 プロビジョニング型とサーバーレス型の内部アーキテクチャー

理ノードで並列処理のためにクエリーが最適化された後、作業を並行して実行するために操作を計算ノードに渡します。計算ノードはすべてのユーザーデータをAzure Storage に保存し、並行クエリーを実行します。

　この場合、Azure Storage の使用料が別途発生します。データ移動サービス（DMS）はシステムレベルの内部サービスです。必要に応じて複数のノードにデータを移動し、クエリーを並列に実行して、正確な結果を返します。計算ノードの数は1から60までスケールします。負荷が高い場合は計算ノードの数を増やすことで処理能力を増強できます。

サーバーレス型
　サーバーレス型は Azure Data Lake Gen2 のデータに対してクエリーを発行す

るサービスです。データレイク内のさまざまな形式（Parquet、CSV、JSON）の
データに対応しています。プロビジョニング型のような占有ストレージはありま
せん。ストレージアカウントからのファイルの読み取りに関連するものはすべて、
クエリーのパフォーマンスに影響します。

　例えばパーティション分割を使用してファイルレイアウトを最適化し、100 メ
ガ〜 10 ギガバイトの範囲内でファイルを保持することでパフォーマンスを最適化
できます。こういったデータの運用を考慮した作りにしておく必要があります。

　帯域幅調整という現象が発生する可能性もあります。データレイクの作り方に
よっては、複数のアプリケーションとサービスがストレージアカウントにアクセス
する場合があります。そして、ワークロードによって生成される IOPS（Input
／ Output per second、I ／ O 毎秒）またはスループットの合計がストレージア
カウントの制限を超えると帯域幅調整が発生し、クエリーのパフォーマンスが大
幅に悪化します。

　サーバーレス型の用途としては、頻度の低いバッチ処理が挙げられます。必要
な時だけ起動するようにして、負荷を分散させると同時に費用を抑えるといった
工夫ができます。

SynapseとRedshiftの違い

　最後に AWS の DWH サービスである Redshift と Synapse の違いを解説します。

　Synapse と Redshift は守備範囲が大きく異なります。Synapse はデータパイプ
ラインの全体を一元管理するのに対して、Redshift は分析処理をする DWH の役
割のみを担います。Synapse の SQL 実行環境（プロビジョニング型）と Redshift
が同等のサービスと言えます。Synapse は利用状況に応じて、ワークロード実行
環境（プロビジョニング型とサーバーレス型）を選べるため、データ基盤の設計
に柔軟性があると言えます。ただし、Synapse のサーバーレス型 SQL 実行環境
はデータの配置方法、ストレージの使い方に注意しないとパフォーマンスが出な

い場合があります。

　データパイプラインの構築についても違いがあります。Redshift はデータパイ
プラインを複数のサービスを使って構築しなければなりません。一方、Synapse
は「Azure Data Factory」を内包しているため、データパイプラインの構築が容
易です。設計、運用の負荷が低減されるため、DX の現場では活用しやすいと考
えられます。

　セキュリティー面では、Redshift には「AWS Identity and Access
Management（IAM）」といったサービスやセキュリティーグループによるアクセ
ス制御が可能です。Synapse の場合は「Azure Active Directory（AD)」やロー
ルベースアクセス制御（Role Based Access Control、RBAC）によりセキュリ
ティーを担保できます。どちらもセキュリティーについてはエンタープライズレ
ベルの設定が可能です。

　Redshift は PostgreSQL に似せたインターフェースを備えています。一方
Synapse は SQL Server（T-SQL）のインターフェースを備えています。SQL
Server に慣れているエンジニアが多い場合は Synapse の方が使いやすいでしょう。

　ここでは Azure Synapse Analytics の仕組みや特徴について解説しました。ク
ラウドの技術は日進月歩です。これから Azure 間のサービス連係はさらに進む
と思われます。2021 年 9 月 28 日にリリースされた統合データガバナンスサービ
ス「Azure Purview」との連携も可能になっています。データカタログによるデー
タディスカバリー機能も付加されることになり、さらなる進化が期待できます。

2-5　Google BigQuery

ペタバイト規模のデータ分析 BigQueryの有効な使い方

Google BigQueryは米グーグルが提供するデータウエアハウスサービスである。
データ分析基盤としての機能に加え、地理空間分析などの付加機能を備える。
Google Cloudだけでなく他のクラウドのデータにアクセスするサービスも用意
する。

　DX（デジタルトランスフォーメーション）が加速度的に普及している理由の1
つに、ビッグデータ分析が身近になっていることが挙げられます。従来、大規模
なデータを処理する場合、「Apache Hadoop」や「Apache Spark」などの分散処
理基盤を構築するか、高価な商用製品を導入するかしてデータを加工する必要が
ありました。複数のサーバーを用意し、処理効率やメモリー管理を意識した高度
な構築、運用技術も必要でした。そのため、AI（人工知能）や機械学習まで結
び付けたデータ分析基盤の構築は先進的な一部の企業に限られているものと考え
られていました。

　それが今や、米Amazon Web Services（アマゾン・ウェブ・サービス、
AWS）の「Amazon Redshift」、米Google（グーグル）の「Google BigQuery」、
米Microsoft（マイクロソフト）の「Azure Synapse Analytics」といったデータ
ウエアハウスのマネージドサービスが提供されています。単独のデータウエアハ
ウスとしては米Snowflake（スノーフレーク）の「Snowflake」も有名です。こ
れらの登場により高度なデータ分析基盤を誰もが構築できるようになりました。

　DXを進めるに当たり、どの技術を用いてデータ分析基盤を構築すべきか、そ
の判断を迫られている方も多いのではないでしょうか。2-5はBigQueryについ
て解説します。後半では、この分野で普及が進むRedshiftとの比較を通して
BigQueryの特徴を説明します。

　BigQuery はグーグルが自社で開発したビッグデータを扱う技術「Dremel」を基にしています。グーグル社内におけるさまざまな課題を実験台として、それらを解決した上で、Google Cloud 上のフルマネージドサービスとして提供されています。BigQuery は現在最も普及しているデータウエアハウスのサービスであり、ペタバイト規模のデータ分析ウエアハウスです。標準的な SQL 言語をサポートしており、料金は使用するクエリー処理とストレージ容量に対してのみに発生するのが特徴です。

BigQueryの主な付加機能

　BigQuery は一般的な分析基盤が備える機能に加えて、プラスアルファの機能を提供しています。

　1つは「AI・機械学習」です。「BigQuery ML」を使用して Google Cloud の「AI Platform」にデータを連係させることで、機械学習モデルをトレーニングしたり、その精度を評価したり、さまざまな予測をしたりといったことが可能になります。BigQuery ML を利用すると、世界規模で構造化データや半構造化データを集めて機械学習モデルを構築し、運用できます。世界規模というのは、複数リージョンでデータを同期させることができ、どこからでもネットワークの遅延を気にせず利用できるという意味です。BigQuery 内部に直接格納されるこれらのデータは、使い慣れた標準的な SQL を使って扱えます。

　2つ目は「地理空間分析」です。ビッグデータ分析の世界では地理空間データを扱う機会が増えています。地理空間データは膨大になるため、多くの企業がデータウエアハウスで分析処理しています。「BigQuery GIS」は地理空間分析用の機能です。一般的な地理空間データ形式の任意の点、線分、ポリゴン、マルチポリゴンをサポートしています。このような地理データ型と標準の SQL 地理関数を使用して、地理空間データを分析、可視化できます。

　3つ目は「リアルタイム分析」です。「BigQuery BI Engine」は BigQuery に組み込まれたインメモリー分析サービスです。大量で複雑なデータセットをイン

タラクティブに分析できます。クエリーのレスポンス時間は1秒未満であり、同時実行性にも優れています。BI Engine SQL インターフェース機能によって「Looker」、米 Tableau Software（タブローソフトウエア）の「Tableau」、マイクロソフトの「Power BI」など一般的なビジネスインテリジェンス（BI）ツールと統合して利用できます。なお、BI Engine SQL インターフェース機能は2021年12月14日に一般提供（GA）されています。

BigQueryのアーキテクチャー

BigQuery は2つのサービスを一体化したものです。1つはマネージドストレージ、もう1つは SQL エンジンです。

マネージドストレージ

フルマネージドのスケーラブルなデータストレージです。「Google Ads」や「Gmail」などのデータを格納しているのと同じテクノロジーを基盤としています。RDBMS（リレーショナルデータベース管理システム）が採用している行指向のデータではなく、AWS の Redshift と同様に列指向のストレージを採用しています。各列データは暗号化、圧縮されています。また、データは冗長化されており、複数のデータセンターにまたがって保存されます。

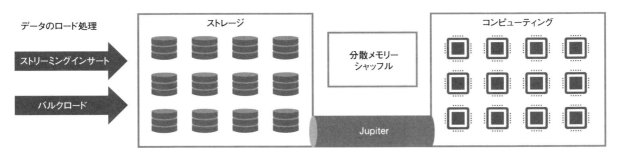

Jupiter：グーグルのデータセンター内をつなぐネットワーク

図1 BigQueryのアーキテクチャー

SQL エンジン

　グーグルの独自技術を用いた大規模な並列 SQL エンジンを搭載しています。ストレージとコンピューティングは毎秒ペタビットレベルのネットワークで接続されます。このネットワークはグーグルのデータセンター内をつなぐネットワークで「Jupiter」と呼ばれています。

　複雑なクエリーであっても、パフォーマンスを最大化する分散メモリーシャッフルという特殊な機能が備わっています。その内部では数千ものワーカーを一瞬で起動させて並列処理しています。処理が終わるとこのワーカーがすぐに解放される仕組みで、1 秒から数秒で完結するとされています。

　データの追加は容易ではあるものの、ファイルの更新処理が苦手という弱点があります。高頻度に更新する場合は、都度データを再ロードする方法や、「マテリアライズドビュー」を利用する方法があります。BigQuery のマテリアライズドビューは 2021 年 2 月 26 日に一般提供（GA）が始まりました。マテリアライズドビューはビューと同様に問い合わせ結果をテーブルとして表現し、必要に応じて最新の状態に更新できる仕組みです。

ストリーミングインサートとバルクロード

　データのロード処理はストリーミングインサートやバルクロードといった手法があります。これらはコンピューティングとは切り離されているためコンピューティングで実行されるクエリーの性能に影響しません。例えば大量のデータをロードしているときに、BigQuery で実行しているクエリーのパフォーマンスが悪くなるといったことにはなりません。

　バッチ処理であるバルクロード処理は課金されません。ストリーミングインサートは費用（米国リージョンで $0.01 ／ 200 メガバイト）が発生します。

BigQuery Omni

　グーグルは 2020 年 7 月 14 日（現地時間）、Google Cloud、AWS、Azure のデー

タへアクセスして、分析できるマルチクラウド分析サービス「BigQuery Omni」を発表しました。使い慣れた BigQuery インターフェースで使用でき、なおかつクラウド間の移動やデータのコピーをすることなく、Google Cloud や AWS に保存したデータの処理要求が可能になります。

　例えば BigQuery を使用して、Google Cloud に保存されている Google アナリティクスの広告データを問い合わせたり、AWS の「S3」に保存されている e コマースプラットフォームからログデータを参照したりできます。なお、Azure の「Blob Storage」にも対応しています。

BigQuery Omni のアーキテクチャー

　BigQuery のアーキテクチャーはコンピューティングとストレージに分離しています。ストレージは Google Cloud やその他のパブリッククラウド上にあってもかまいません。コンピューティングはクエリーエンジン（Dremel）を搭載しており、大規模な並列処理が可能です。

　BigQuery Omni は Google Cloud において、フルマネージドで提供される Anthos クラスター上で動作しています。Anthos は Google Cloud 上で提供されているアプリケーションのモダナイゼーションのためのプラットフォームです。複数のクラウド上で BigQuery のクエリーエンジン（Dremel）を構築、デプロイ、管理できます。

　これらの技術的要素によって BigQuery はパブリッククラウドをまたぐ柔軟な構成を取れる取れるようになりました。

BigQuery Omni の特徴

　一般的にパブリッククラウドサービスは、データを別のパブリッククラウドに移動したりコピーしたりした場合、ネットワーク転送コストが発生します。多くの企業は社内で複数のシステムを抱えており、システムごとに異なるパブリッククラウドを使っている例も珍しくありません。そのため、パブリッククラウド間

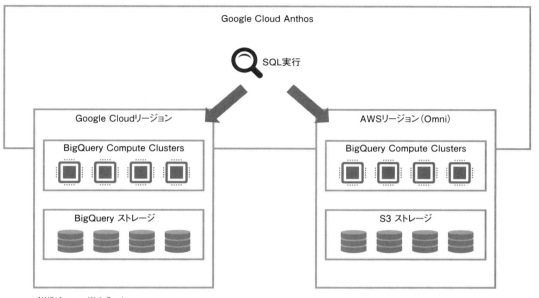

AWS：Amazon Web Services
Google Cloud Anthos：アプリケーションのモダナイゼーションのためのプラットフォーム

図2 BigQuery Omniの概要

をまたぐデータ転送については多くの企業の悩みの種と言えるでしょう。

BigQuery Omniではその心配は不要です。クラウド間のデータ移動無しでクエリーの実行が可能です。

効率化の手法

BigQueryを利用する際、よりコストを削減し、よりパフォーマンスの向上を図るために重要な機能がパーティショニングとクラスタリングです。

パーティショニング
テーブルをデータが挿入された日付でパーティショニングします。日付を検索クエリーの条件に加えることで、検索データ量を限定できるようになります。な

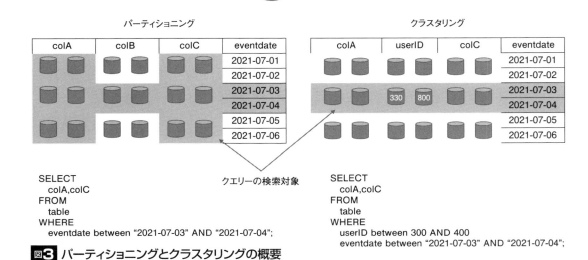

図3 パーティショニングとクラスタリングの概要

お、パーティショニングで利用できるカラムは日付型もしくはタイムスタンプ型に限られます。BigQueryではデータ検索量に応じて課金されます。利用頻度の高いテーブルについてはパーティショニングを利用するとコストを削減できますし、クエリのパフォーマンスの向上も見込めます。

クラスタリング

　クラスタリングはパーティショニングよりさらにデータを絞ることが可能です。パーティショニングされたテーブルはそれぞれが独立した1つのテーブルとして動作します。一方、クラスタリングされているテーブルは、一意の値を大量に含む列をクラスター化します。するとクラスター化された列によって値の範囲が重複しないようにブロックが整理されます。そのため効率よくデータにアクセスができるようになります。

　データへのアクセスを効率化するようにテーブルを設計することもBigQueryでは重要なポイントとなります。

Redshiftとの比較

　この分野で普及が進む AWS の Redshift と比較して BigQuery の特徴を説明します。

料金

　Redshift は「DC1」か「DC2」、もしくは「RA3」のいずれかのシリーズを選択できます。利用できる最も安いノードは「dc2.large（160GB）」で 1 時間当たり 0.25 米ドルです。この費用はストレージと処理の両方をカバーしています。Redshift の最安値は月額利用料で計算すると 180 米ドル（0.25 米ドル×24 時間×30 日）です。なお、リザーブドインスタンスという長期の利用期間をコミットする契約をすると最大で約 70％の割引を受けられます。

　一方 BigQuery の場合、ストレージ 1 テラバイト当たり月額 20 米ドルに加え、クエリー料金が 1 テラバイトにつき 5 米ドル課金されます（1 テラバイトまでは無料）。クエリー料金の影響度合いが大きく、利用頻度が低いうちは BigQuery は低コストです。分析ニーズが増えた場合は、Redshift より高額になる場合があります。

表1 BigQueryとRedshiftの比較

	BigQuery	Redshift
料金	クエリーに応じて課金 ストレージに応じて課金	インスタンスサイズに応じて課金
パフォーマンス	○	○ インスタンスサイズ、ノード数による
運用	○	△

パフォーマンス

　これら 2 つを比較したベンチマークテストは、長年にわたって数多く存在しています。しかし、それらはいずれも特別な条件でテストしているものばかりで、そのまま受け取るわけにはいきません。インターネット上で比較結果を確認する際は、どのような条件で比較しているのか注意深く確認しましょう。

　この 2 つの製品のパフォーマンスを比較する際は、Redshift のリソースによって結果が大きく左右されます。小さなリソースを選択している場合、BigQuery の方が Redshift を上回るパフォーマンスを出すことになるでしょう。しかし、リソースを大きくした場合は、Redshift が BigQuery を上回るパフォーマンスを発揮する場合もあるでしょう。

　Redshift は利用者が選択したリソースに依存してパフォーマンスが変動します。また、実行しているデータテーブルのサイズやスキーマの複雑さ、同時に実行するクエリーの数も大きな違いをもたらします。

　その点 BigQuery は、処理するデータ量に応じて動的にコンピューティングリソースが割り当てられて処理されます。安定して高いパフォーマンスを維持する特徴があります。半面、処理されるデータ量に応じて課金される分、コストの予測が難しくなります。

運用面

　運用面に関して言えば、BigQuery の場合、カラムのデータ型を定義して、テーブルにデータを挿入しさえすれば、その後の管理がほぼ不要です。一方、Redshift はカラムの圧縮型を事前に定義する必要があり、データノードのサイジングを管理するなどの運用作業が発生する点が異なります。BigQuery の方が設計・管理の要素が少なく、運用の負荷は少ないと言えます。

　Redshift は時間課金であり、BigQuery はクエリー課金であることから、定常的に分析する必要があるのであれば Redshift、定常的に分析せずに必要なときだ

け分析をするのであれば BigQuery がコスト的には有利になります。マーケティング部門などの非 IT 部門が、手軽にアドホック分析を始めたい場合に、低頻度な利用でのコストの有利さ、管理の手間が少ないことを魅力に感じて BigQuery を選択するケースが多いようです。

　BigQuery Omni を利用することで、パブリッククラウドをまたいだ設計も可能となります。他のクラウドサービスをメインに使っている場合でも、データ分析は BigQuery を使うという選択が取りやすいと言えます。クラウド内の他のサービスとの連係性と合わせて、総合的な視点で選択する必要があるでしょう。

2-6　Oracle Autonomous Data Warehouse Cloud

DWHの課題解決に自律型オラクル「ADWC」を活用

DX（デジタルトランスフォーメーション）はデータの活用ができて初めてビジネスにつながる。
自律型データベース（DB）を使うことで、データから価値を生み出す作業に集中できる。
人が担っていた DB の稼働・保護・修復といった作業を自動化する。

　DX（デジタルトランスフォーメーション）はデータの活用ができて初めてビジネスにつながります。自動稼働・自動保護・自動復旧が可能な自律型データベースを採用することで、データ基盤に労力をつぎ込むのではなく、データ活用から価値を生み出すことに集中できます。

　2-6 で解説する米 Oracle（オラクル）の Oracle Autonomous Data Warehouse Cloud（ADWC）は自律型という他のサービスにはないコンセプトのデータベースサービスです。これまで人が担っていた管理作業を、AI（人工知能）を使って自動化するのが特徴です。

　ADWC はデータウエアハウス（DWH）向けに最適化された自律型データベースですが、オラクルはトランザクション処理向けに最適化した「Oracle Autonomous Transaction Processing（ATP）」も提供しています。今回は ATP についても後半で触れながら、これまでの DWH の課題を ADWC でどのように解決できるのか、デメリットも含めて解説します。

自律型データベースでDXを加速

　レガシーシステムの刷新が DX のゴールではありません。データに基づいて市場の反応を把握し、迅速に改善を続けてビジネスの競争力を高めることが最大の

目的です。迅速に進めるには、内製化によってレスポンスよく対応するのが近道です。しかし、ユーザー企業だけでは必要とするスキルが十分にそろっていないことがあり、内製化の障壁になります。必要に応じて、自社に不足しているスキルをITベンダーや自動化で補完することが、DXにおいては効率的です。

　ここで有効なのが自律型データベースです。データ基盤に関して、これまでデータ活用を遅らせる要因となっていたDWHの構築やチューニングについて、「簡単」「高速」「柔軟」な自律型データベースに任せることで、一定の品質を保ちつつスピーディーに進められます。データ分析作業に取り掛かることも可能になります。

　スピード感を意識したスモールスタートとアジャイル開発を進めるうえで、自律型データベースは有効な選択肢の1つです。また、運用の手間を減らして、ビジネスチャンスにつなげるための競争力を得る改善作業に力を注ぐことがビジネスを成功させるカギになります。

自律型データベースで解決するデータ基盤の課題

人材と内製化

　国内においてIT人材の不足が叫ばれています。データ基盤を設計・構築・運用するデータベース管理者も例外ではありません。多くのユーザー企業はデータベースに精通した人材を確保できておらず、今後も少ない人材を確保するためのコストが高くなると考えられます。

　また、確保した人材が期待通りデータベースに精通しており、データベースの幅広いタスクをこなせる人材であるとは限りません。運よく高スキルの人材を確保できた場合でも、継続して雇用を続けられる保証もありません。さらに属人化してしまうと将来的なシステムの維持に支障が出ます。これらの問題点の一部は、データベースのコアな技術を自律型データベースによって補完することで解決可能となります。

コスト

　自律型データベースは DX を活用し、競争力を高める「攻めの IT 投資」に適しています。自律型データベースを使用して、品質を維持・向上させるとともに、業務にスピード感を持って取り組むことで、攻めの IT 投資につなげられます。

　現状、DX を進めるにあたり、経営層の理解がなかなか得られずにうまく進められないケースを耳にします。DX の加速には、短期間で小さな成功体験を積み重ねて、横展開することがポイントになります。こうした場で、データベースの性能問題や障害対応によってスピード感が落ちてしまうのは本末転倒です。自律型データベースを使用することで、あらかじめ DX を加速させる障壁となる要因を取り除けます。

　米アマゾン・ウェブ・サービス（AWS）の「Amazon Aurora PostgreSQL」と ADWC、そしてオンプレミスの Oracle（Enterprise Edition、以下 EE）の年間のランニングコストを試算して比較した場合、ADWC は単純に見れば割高です。
　ただし、自律型データベースを採用することで、実作業の多くを自動化できま

表1　ADWCと他のサービスの料金比較

製品	製品コスト			DBAコスト		Total Cost
	ライセンス（アクティブ・スタンバイ構成）		ファシリティー			
	1時間	1年	1年	1カ月	1年	
Amazon Aurora PostgreSQL ※1	11.2米ドル	1122万2051円		100万円　※4	1200万円	2322万2051円
ADWC ※2	43.011米ドル	4309万5880円		40万円　※5	480万円	4789万5880円
オンプレミス Oracle EE ※3	-	2882万8800円	400万円	100万円　※4	1200万円	4482万8800円

1米ドル＝114.38円で計算
※1 東京リージョン、DBインスタンスクラスdb.r5.8xlarge（vCPUs=32）でマルチアベイラビリティーゾーン（マルチAZ）構成の場合
※2 ADWC（Oracle Autonomous Data Warehouse Cloud）（OCPU = 16）で冗長化した場合
※3 Oracle EE（Oracle Database Enterprise Edition）にPartitioning、Diagnostics Pack、Tuning Packの各オプションを追加して5年償却の場合の1年あたり（16コア）
※4 DBA（データベース管理者）月単価 = 100 万円 で計算
※5 月に 0.4 稼働する非常駐 DBA として 月単価 = 40 万円 で計算
※6 単純化のためにストレージは除く
※7 あくまで試算例であり、それぞれの製品・リソースの利用条件、調達条件によってコストの優劣が変わる可能性がある

表2 ADWCと他のサービスが自動化できるデータベース管理業務のマトリクス

作業項目	実作業	ADWC	Amazon Aurora PostgreSQL	オンプレミス Oracle EE	管理的作業	ADWC	Amazon Aurora PostgreSQL	オンプレミス Oracle EE
キャパシティー管理	ストレージ、表領域使用量	○	○	△	長期トレンドの分析と需要予測	×	×	×
	CPU、メモリーなどのシステムリソース	○	○	△	システム増強計画作成	×	×	×
メンテナンス	領域追加、削除	○	○	×	新規障害の該当調査、対応策の策定	○	×	×
	パッチ適用	○	○	×	メンテナンス計画の作成、調整	×	×	×
	ログ管理	○	○	△	変更情報の管理	×	×	×
監視、障害対応	監視設定管理	×	×	×	監視項目の変更管理	×	×	×
	障害調査、リカバリー作業	△	△	×	インシデント管理(起票、記録)	×	×	×
性能管理	性能情報の収集	○	○	○	チューニング必要性の判断	○	×	×
	性能の定期分析	○	○	○	チューニングの立案	○	×	×
	チューニング	○	×	△				
セキュリティー管理	アカウント管理作業	×	×	×	アカウント申請管理	×	×	×
	権限管理	×	×	×	ログ管理、レポート(作業ログ、アクセスログ)	×	×	×

○:自動　△:一部自動　×:手動
ADWC:Oracle Autonomous Data Warehouse Cloud　Oracle EE:Oracle Enterprise Edition

　す。管理的業務については多くの場合、人手がかかるため、データベース管理者を非常駐もしくは兼任といった形でアサインするのが現実的です。

　ADWCの意義を整理すると次の点が挙げられます。(1) データベースの管理作業が減る分、開発のスピードを上げられる。DXの場合、成果を早く出せるメリットがある。(2) データベース管理者(DBA)の管理コストを減らせる。DBAの作業品質が低下した場合を考慮しなくてもよい。(3) Oracle Exadataの機能が

利用でき、Oracle Database のオプションが全て使える、といった点です。ADWC は高価ではあるものの高性能・高機能のクラウドサービスと言えます。これらを鑑みて、追加費用をかけてもいいと判断できる場合には採用を検討するとよいでしょう。

　オンプレミスの Oracle EE と比較した場合、ADWC はコスト面では大きく変わりません。ただし、自動化に加え、独自の高速化技術を備えている点も魅力です。同じ CPU 数を搭載していても、ADWC は他のサービスよりも数倍の処理速度を持つといったリポートも目にします。性能面でのメリットをどう考えるかによって、ADWC のコストパフォーマンスは変わってくるでしょう。

　料金が安価なサービスを採用した場合、性能が得られずに CPU 数を増やして対処していくと、結果的に費用が上がるケースも考えられます。性能を担保するための投資と考えて、コストをかけてでもあらかじめリスクを排除するのが合理的な場合は ADWC を使用するのがよいでしょう。インフラのコストを抑えて、スキル保持者で設計・運用を適切に管理できるのであれば、Amazon Aurora PostgreSQL などの製品を使用するのがよいと考えられます。

ADWCの安定性と柔軟性

　ADWC はデータ分析ワークロードに最適化されたオラクルの自律型データベースのクラウドサービスです。機械学習によって構築・管理・運用を容易にし、パフォーマンス、セキュリティー、高可用性を手に入れられます。

　ADWC はパラレル処理も積極的に活用しており、データは高い圧縮率のハイブリッド列圧縮（HCC）の列指向で格納されます。ディスク I ／ O が減少することにより集計処理も高速になります。

　ADWC の最大のメリットは前述したように「簡単」「高速」「柔軟」であることです。高いスキルを必要とするサイジングやチューニングを考えずに、DX のデータ基盤を容易に準備できます。

安定性

　これまでのデータベースは、構築・運用管理・チューニング・障害対応など、多くの作業が必要となりました。そのためデータベースに精通した高いスキルやノウハウが必要でした。それが DX の加速を鈍らせる 1 つの要因であると考えます。ADWC は Oracle Exadata というハイエンド製品に採用された技術が組み込まれています。手軽に安定性のある高品質な DX のデータ基盤を構築できます。

柔軟性

　無停止で拡張できるため、スモールスタートで始める DX のデータ基盤にも向いています。他社のクラウドサービスの場合、CPU とストレージをセットで拡張するサービスが見受けられますが、ADWC は CPU とストレージを個別に拡張できます。CPU リソース不足や領域不足に対して必要なリソースのみを柔軟に追加することが可能です。

　なお、オラクルの自律型データベースとしては ADWC の他、前述のようにトランザクション処理向けに最適化された ATP も提供されています。ATP も ADWC と同様に「Self-Managing（自己管理）」「Self-Securing（自動保護）」「Self-Repairing（自己修復）」を実現した自律型データベースです。制限事項についてもおおむね同じです。

　オラクルの自律型データベースを作成すると、サービス品質が異なる複数のサービスを構成できます。ATP は同時実行性の高いサービスが利用可能になるため、DX のデータ基盤に限らず、システムの用途に合わせて自律型データベースを選択できます。

Oracle自律型データベースのデメリット

　ADWC は高品質な DX のデータ基盤を構築するのに適したサービスですが、自律型データベースであるがためのデメリットもいくつかあります。

制限事項が多い

　例えば表領域や一時表領域はあらかじめ構成され、自動で管理されるため、デー

表3 ATPとADWCのデータベースサービス

	データベース・サービス名	同時実行文の数	定義
ATP	tpurgent	300 × OCPUs	時間的にクリティカルなトランザクション処理操作のためのサービスで、優先度が最も高いアプリケーション接続サービス　手動の並列処理をサポート
	tp	300 × OCPUs	トランザクション処理操作のための一般的なアプリケーション接続サービス　並列処理を使用せずに実行
	high	3	レポートおよびバッチ操作のための優先度の高いアプリケーション接続サービス すべての操作は並列で実行されキューに入れられる
	medium	1.25 × OCPUs	レポート操作とバッチ操作のための一般的なアプリケーション接続サービス　すべての操作は並列で実行されキューに入れられる。 並列度は4(4)に制限される
	low	300 × OCPUs	レポートまたはバッチ処理操作では、最も優先度の低いアプリケーション接続サービス。 並列処理を使用せずに実行される
ADWC	high	3	各SQL文に対して最高レベルのリソースが提供され、最高のパフォーマンスが発揮されるが、サポートされる同時SQL文は最も少ない　任意のSQL文はデータベースのすべてのCPUおよびIOリソースを使用可能　このサービスで実行できる同時SQL文の数は3で、この番号はデータベース内のOCPUの数に依存しない
	medium	20	各SQL文に対して潜在的に比較的低レベルのリソースが提供され、低レベルのパフォーマンスが発揮される。サポートされる同時SQL文はより多くなる　任意のSQL文はデータベースの複数のCPUおよびIOリソースを使用可能　実行できる同時SQL文の数はデータベースのOCPUの数によって異なる
	low	最大でOCPU数の300倍	各SQL文に対して最低レベルのリソースを提供する。サポートされる同時SQL文は最も多い　任意のSQL文はデータベースの単一のCPUおよび複数のIOリソースを使用可能　実行できる同時SQL文の数はOCPUの数の最大300倍にできる

ATP:Autonomous Transaction Processing　ADWC:Oracle Autonomous Data Warehouse Cloud
出所:米オラクルの資料を基に日経クロステック作成

タベースを構成するための操作をする必要がありません。そのため、表領域の作成・変更・削除に関わるデータベース管理に使用する SQL コマンドは実行できません。RMAN コマンド（Recovery Manager コマンド）なども自動バックアップが前提であるため同じく実行できません。

　データベースリンクについてもセキュリティー強化のため使用不可です。変更可能な初期化パラメーターやオラクルの機能なども限定されています。インデックスについても自動チューニングで最適化されるため、ユーザー側では作成でき

ません。他にもオンプレミスのデータベースでは当たり前だったことが制限されています。

　制限があると、何か問題が発生した場合、暫定的な対処としての手出しが難しくなりますが、裏を返せば人が介入しなくても高い品質を保てることになります。人が介入することにより品質が低下する事態を防ぐ措置だと考えることができます。

技術者が成長しない
　不足している技術をADWCが補完してしまうため、データベース技術者が成長せずノウハウが蓄積されないといったデメリットがあります。

ベンダーロックイン
　自律型データベースは製品への依存度が高くなります。他のデータベース製品への乗り換えが難しくなります。

DBAが考えるDXの加速

　ADWCは手軽に高品質なDXのデータ基盤を構築するには有効なソリューションです。利用料金などの点からトータルコストを下げるのは難しい側面もありますが、高いスキルが必要で難易度の高いデータベース業務について、ADWCに任せられます。他の部分に労力を費やせます。

　現状、ある特定部分の自動チューニングをクローズアップした場合、データベースに精通したエンジニアが時間をかけてチューニングした方が高速かもしれません。ただし、データベースは成長し、変化します。ある時点で最適でもデータ量が増加したら最適ではなくなることもあります。

　ADWCと同レベルの性能を引き出すために、人がチューニングし続けて品質を維持するには、コストと労力が必要です。総合的にある程度の性能が安定して維持できるシステムを目指すのであればADWCは有効な選択肢です。今後、AI

による機械学習の技術が進み自動チューニングの精度が向上すると、より完成度
は上がっていくでしょう。

第3章

NoSQL データベース

扱いにくい「型」を生かす NoSQL DBの選択と使い方

データの多様化と大容量化が進み、RDB では扱いにくいタイプのデータが増えている。
半構造化データを分析に活用したい場合の選択肢の 1 つが NoSQL データベースである。
NoSQL DB は「結果整合性」の考えで実装されており、スケールアウトで性能向上を図る。

　企業が導入したシステムにおいて、これまで「データベース」といえば RDB（リレーショナルデータベース）を指すことが多かったと思います。データベースを学ぼうとする人は、各データベース製品は自社で使用している、または無償でダウンロードできる RDB を選んで PC にインストールして環境を作成し、データベースを操作する言語として SQL を学習するといったパターンが主流だったと思われます。しかし最近はデータの多様化と大容量化が進んでおり、RDB では扱えない（扱いにくい）タイプのデータが増えてきています。

システムを取り巻く様々なデータ

　RDB で扱いにくいデータとはどのようなものでしょうか。

　RDB に格納されるデータは構造化されたデータ（Structured Data）です。Excel の表のように行と列で表されるテーブル形式のデータのことです。列には事前にデータ型が定義されているため、型に合わないデータは格納できません。特定の列に格納できるデータ型があらかじめ決まっているため、プログラミングをする開発者からすれば扱いやすく、データを加工しやすいメリットがあります。

　言い換えれば、RDB はデータを格納するために、事前にデータエンジニアがテー

表1 データの種別

種別	特徴	データ形式
構造化データ（Structured Data）	データ構造が決まっている、または正規化によりデータ構造を決められる。多くの場合 RDB に格納される	Excel、RDB
非構造化データ（Unstructured Data）	データ構造がなく、アプリケーションで加工できない。データベースに格納する場合は、LOB型やデータレイクに蓄積する	画像、音声、規則性のないテキスト
半構造化データ（Semi-Structured Data）	データ構造がある程度決まっているが、構造を柔軟に変更できる。データ構造が変化すると RDB での扱いが困難になる	JSON、XML

ブル構造を設計しておく必要があります。テーブルの列のデータ型だけでなく、テーブルごとに重複したデータを持たないようテーブルを分割しておく作業も必要になります。この作業を正規化といいます。正規化したデータは、テーブル間でデータが重複せず、データの整合性を保てます。データ構造が明確に決まっているため、事前に予測できるデータを格納する場合には非常に便利です。

　しかし今日、システムの設計当初は問題なかったとしても、ビジネス要件の変化に対応するためにデータ構造が変更されることがあります。例えば列のデータに桁あふれが生じてしまいデータ型の拡張が発生するケースや、テーブルへの列の追加では対応できずに新しいテーブルに分割するケースなどがあります。

　また、新しく立ち上げるサービスの場合、事前にデータ構造が把握できない状況が発生します。こうした場合に RDB を採用していると、変更のたびにテーブル設定の見直しが必要となり、修正に多大な工数が取られます。

　システムで扱うデータの種類には構造化データのほかに、非構造化データ（Unstructured Data）と半構造化データ（Semi-Structured Data）があります。非構造化データとは、動画・音声のようなバイナリーデータや、メールなど、構造の定義を持たないデータを指します。

　半構造化データとは、ある程度データ構造が決まっているものの、構造を柔軟に変更できるデータを指します。JSON（JavaScript Object Notation）や XML 形式のデータが、半構造化データに該当します。半構造化データのように、事前にデータ構造を定義する必要がないことを「スキーマレス」と呼びます。スキーマレスのメリットとして、データ型が固定でないため、格納するデータにあわせて自由に変更できる点があります。

　非構造化はそもそもデータ構造を持たないため、データベースに格納するために特別な設定をすることはありません。データレイクのようなストレージに保存するか、どうしてもデータベースに保存しておきたい場合はバイナリーデータを格納できる LOB（Large Object）型に格納します。

　問題は半構造化データの存在です。従来の RDB では扱いにくいが、システムのデータ分析に必要なのでなんとかして活用したい――。その選択肢の 1 つとして登場したのが NoSQL です。

NoSQLのデータモデル

　NoSQL は、主要なデータモデルから以下の 4 つに分類されます。

キーバリュー型（Key-Value Store）

　「Key」と「Value」の組み合わせで表現されるシンプルなデータモデルです。Key には、Value を一意に識別する値を指定します。RDB と異なるのは、Key と Value には型が定義されていないので、格納する値の自由度が高い点があります。

　キーバリュー型には、さらにデータを永続化するか、揮発性かで 2 つのタイプに分かれます。永続化というのは安全に蓄積・保管することで、オリジナルのデータを保持して参照・更新の処理に利用します。

　揮発性というのは停止するとデータが消えるということです。メモリー上に

データをキャッシュして利用する形態で、ユースケースとしては RDB の商品マスターなどのコピーを配置して、商品データの取得のような高頻度で軽量な参照処理を担当させるといった使い方が挙げられます。トランザクション頻度が非常に高いシステムで RDB にかかる負荷を抑えられるメリットがあります。

　揮発性のデータモデルに対応するデータベースには、オープンソースソフトウエア（OSS）の「Redis」や「memcached」があります。クラウドではこれらをエンジンとして組み込み、サービスとして提供されています。永続化されるタイプのサービスはクラウドベンダー各社が独自のエンジンを開発しています。

ワイドカラム型（Wide-column Store）

　キーバリュー型を発展させたデータモデルで、1 つの Key に対して複数のカラムに Value を持たせることができます。データごとのカラム数は動的に増減できます。RDB が「行」単位で処理するのに対して、ワイドカラム型は「列」単位で処理します。特定の列を抜き出して値を操作するような集計・分析処理を得意としています。

　ワイドカラム型のデータモデルに対応するデータベースには、OSS の「Cassandra」があります。

ドキュメント型（Document Store）

　JSON や XML、Excel、PDF といったドキュメントを格納するデータモデルです。キーバリュー型と同じく Key を作成しますが、対となる Object にドキュメントデータを格納します。JSON は様々なシステムで入出力データ形式として用いられるフォーマットです。SNS、オンラインゲーム、電子メール、地理空間データなど複雑なデータ構造を扱うアプリケーションで用いられます。ドキュメント型のデータモデルに対応するデータベースには、OSS の「MongoDB」があります。

グラフ型（Graph Store）

　グラフ型とは、ノード、リレーションシップ、プロパティーの 3 つの基本要素

から構成されるデータモデルです。個々のデータを示すノードに対して、ノード間の関連をリレーションシップで表します。ノードとリレーションシップにおける属性情報を表すのがプロパティーです。ノードは頂点（Vertex）、リレーションシップはエッジ（Edge）と呼ぶこともあります。

SNSを例に挙げると、ユーザーに相当するのがノードであり、ユーザーとユーザーの間を結ぶ関係性（友達、兄弟、同級生など）を示すのがリレーションシップ、ユーザーの年齢や出身地などの属性値にあたるのがプロパティーになります。

グラフ型は関係性をデータ構造で表現しているため、関係性のあるデータを繰り返し探す処理で効果を発揮します。SNSでいえば、友達の友達の友達、といったように関係性を次々とたどる場合、他のタイプのデータベースより簡単にデータを作成でき、高速に処理できます。

データ構造と得意とする処理内容に際立った特徴があり、DX（デジタルトランスフォーメーション）の進展によって採用される場面が増え始めているという状況です。まだ一般的に利用シーンが確立されているとはいえません。システム化するには、調査、検証を繰り返して設計方式を固めてからにしたほうがよいでしょう。

グラフ型のサービスとして、エンジンとしてOSSの「Neo4j」などを利用しており、対応するAPI（アプリケーション・プログラミング・インターフェース）をサポートしています。

NoSQLのユースケース

NoSQLをどのように選択すればよいか、1つの企業内のユースケースで考えてみましょう。まず、従業員を管理するシステムにおいて、社員間のリレーションを把握するにはグラフ型が最適な選択となります。また、データ分析のために電子メールやドキュメントを格納しておく場合にはドキュメント型を採用することが考えられます。

　マスターデータをキャッシュする目的でデータベースを構築したり、社内ファシリティーの IoT（インターネット・オブ・シングズ）センサーログを蓄積したりする場合には、軽量なデータを高速かつ大量に蓄積することが得意なキーバリュー型が候補となります。

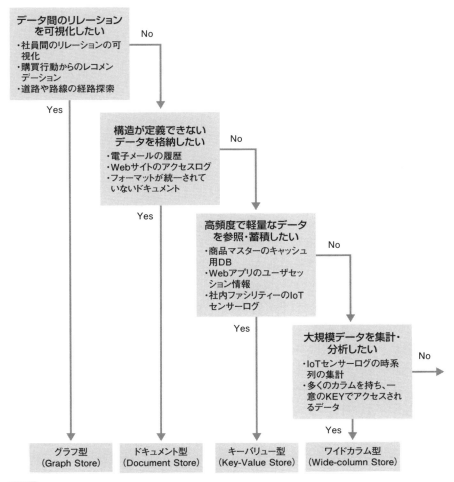

図1 NoSQL サービスの簡易な選択方法

　ワイドカラム型は少し特殊なケースとなりますが、例えば IoT センサーデータを 1 つの Key（日付）内で時間ごとに複数カラムのデータを持たせ、データの検索・集計の分析に使用するといった、キーバリュー型では実装できない使い方をする場合に採用が考えられます。

　このように、NoSQL では従来の RDB で扱えなかったデータ構造とデータ間の関係性を表せます。

NoSQLに備わっていない機能

　RDB では当然のように実装されている機能が NoSQL にはない場合があります。NoSQL ではそれぞれのデータモデル、得意とするユースケースで最適な性能を引き出せるよう設定されています。それは、最適な性能を引き出すために RDB の一部の機能をそぎ落としているということです。NoSQL を利用する前には、その NoSQL 製品では何ができて何ができないのかを、RDB またはその他の NoSQL 製品と比較し、事前に調査しておく必要があります。

　RDB に標準で実装されている機能の 1 つに、トランザクションがあります。トランザクションとは、データベース内のデータ整合性を保証するために備わっている機能です。トランザクションの整合性を保証するために持つべき特性が「ACID 特性」です。NoSQL では、トランザクションを実装していない製品があります。

　NoSQL は、ACID 特性に対して「BASE 特性」と呼ぶ考え方を実装しています。BASE 特性とは「Basically Available（基本的にいつでも利用可能である）」「Soft state（厳密には整合性を保っていない）」「Eventual consistency（結果的には一貫性がある状態となる）」の 3 つの言葉を表す頭文字で「結果整合性」とも呼ばれます。

　なぜ RDB と同レベルの整合性を実装しないのでしょうか。それはスケールアウトに対応できるようにするためです。スケールアウトとは、サーバーの台数を

表2 ACID特性とBASE特性

ACID特性	
Atomicity	トランザクションに含まれる操作が全て実行されるか、全く実行されないか
Consistency	トランザクションが整合性ルールを満たすこと
Isolation	複数のトランザクションは、互いに影響を与えない
Durability	トランザクション完了後の結果は失われない

BASE特性	
Basically Available	基本的に利用可能である
Soft-state	常に整合性を保つ必要はない
Eventually consistent	結果的に整合性が取れている状態になる
Durability	トランザクション完了後の結果は失われない

増やしてシステム全体の性能を上げることをいいます。

　RDBではデータベース全体の整合性を保つために、通常データを1カ所で管理します。データを複数のサーバーに分散して配置すると、データが更新されるたびに整合性をチェックする負荷が大きくなり、結果としてデータベースの性能劣化が起こり得ます。そのため、これまでのRDBではスケールアウトで対処することが難しく、キャパシティーが不足した際、多くはスケールアップ（ハードウエアの性能を上げて対応すること）で対応してきました。システムのビッグデータ化が進む昨今において、これは大きなボトルネックとなることが考えられます。

　NoSQLではRDBのようなトランザクションではなく、結果整合性でデータを管理します。NoSQLのシステムでスケールアウトをすると、データは複数のサー

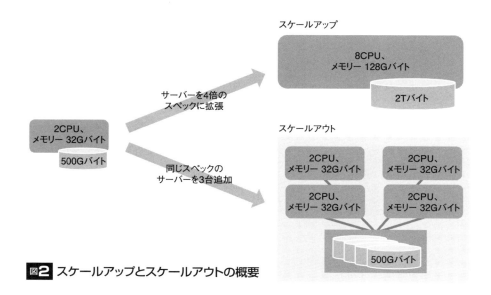

図2 スケールアップとスケールアウトの概要

バーに分散して配置されます。あるタイミングで更新されたデータは他のサーバーには反映されていないことがあるため、反映される前に他のアプリケーションでデータを参照すると古いデータを読み込むことになります。

　サーバー間のデータが同期されたタイミングで再度データを参照すると、最終的には整合性が取れた状態となります。これが結果整合性です。このように、NoSQL ではトランザクションによる整合性をトレードオフすることで、スケールアウトによるキャパシティー拡張を実現しています。言い換えれば、従来の RDB に実装されていたトランザクション整合性を必ず担保しなければならないシステムにおいては、NoSQL は選択できない場合があることを考慮しなければなりません。

　NoSQL は、RDB では実現が難しかった一部のケースを補完するものです。近年ではデータサイズが膨大になるとともに、同時にデータの型も日々複雑な変化を続けています。もちろん、データ構造を事前に設定できれば、RDB は引き続きアドバンテージを持つ技術です。しかし、RDB だけでなく、NoSQL を選択肢

に加えることで、これまで扱いが難しかったデータを活用できるようになります。NoSQL は RDB を置き換える技術ではなく、RDB と共存する新しいデータ基盤になり得るものです。

主要パブリッククラウドのNoSQLサービス

主要パブリッククラウド 3 社である米 Amazon Web Services（アマゾン・ウェブ・サービス、AWS）、米 Microsoft（マイクロソフト）、米 Google（グーグル）が提供している NoSQL サービスを紹介します。

AWS は前述の NoSQL データモデルの 4 つを網羅するサービスを提供しています。代表的なサービスとしてはキーバリュー型で永続性のある「Amazon DynamoDB」、永続性のない（揮発性の）「Amazon ElastiCache」、ワイドカラム型の「Amazon Keyspaces」、ドキュメント型の「Amazon DocumentDB」、グラフ型の「Amazon Neptune」があります。いずれもフルマネージドな PaaS（プラットフォーム・アズ・ア・サービス）であり、サーバーのプロビジョニングや障害対策のバックアップ、リカバリーなどをサービスに実装しています。

マイクロソフトの Azure では「Azure Cosmos DB」というサービスを提供しています。Azure Cosmos DB の特筆すべき特徴は、NoSQL の 4 データモデルすべてを 1 つのサービスで利用できる点です。データを複数のサービスで分散して保持する必要がなく、管理がシンプルになります。

その他の特徴として、世界中に存在する Microsoft Azure のリージョンにレプリケーションを複数作成できる点が挙げられます。これもグローバルに展開している企業にとっては管理性を高めるメリットがあります。データの書き込み、レプリケーションされたデータの読み込みのスループットや可用性にはそれぞれ SLA（Service Level Agreement）が定義されています。

グーグルは永続性のあるキーバリュー型とワイドカラム型、グラフ型を兼ねる「Cloud Bigtable」、ドキュメント型の「Cloud Firestore」、揮発性のキーバリュー

型の「Memorystore」というサービスを提供しています。Cloud Firestore は、クライアントがオフラインの場合でもデータへのアクセスが可能で、オンラインになると変更が同期されるオフラインサポートという機能を備えます。

NoSQL にはトランザクションがサポートされていない場合があると説明しましたが、AWS では DynamoDB や DocumentDB、Azure では CosmosDB の整合性レベルによる設定、グーグルでは Cloud Firestore においてトランザクション整合性がサポートされています。

どのパブリッククラウドでも基本機能は網羅しており、独自機能での差別化が進んでいる状況です。クラウドサービスは 1 年といわず、数カ月単位で飛躍的に進化しており、現時点では実装されていない機能も、他社のサポート状況によっては早い時期に実装される場合があります。そのため最新情報のキャッチアップが常に重要です。

結論として、現在稼働している（もしくはこれから稼働する）システムに NoSQL を選択できるのか、NoSQL を選択するならどの製品・サービスを選べばよいのかを考える際は、システムでトレードオフできない箇所は何なのかを明確にすることが重要です。もしトランザクション機能を実装していない NoSQL サービスを選択したことで、想定される結果が取得できなくなり、その結果不正を引き起こした場合は、システム全体を見直す事態になることが想定されます。

一方既存システムを見直した結果、整合性については結果整合性までを担保していればよいことが分かり、システムのピーク時負荷に対処するには RDB では難しいという場合は、NoSQL が選択肢となり得ます。次節回以降は代表的な NoSQL サービスの特徴をより詳細に解説し、DX でどのように利用するのが望ましいかを考えていきます。

3-2　Amazon DynamoDB

キーバリューのDynamoDB 選択シーンと実装時の考慮

既存の RDBMS では取り扱いが難しい非構造化データなどが DX の現場に増えてきた。
NoSQL データベースはそうしたデータを大量に扱う用途に適している。
「Amazon DynamoDB」はキーバリュー型に分類される NoSQL DB サービスである。

　デジタルトランスフォーメーション（DX）を推進する上で欠かせない要素の 1 つがデータベースであり、格納される情報の価値・重要性は日増しに高まっています。また、近年その取扱量も爆発的に増大しています。それに伴い、既存の RDBMS（Relational DataBase Management System）では非構造化データや増え続ける IoT（インターネット・オブ・シングズ）データなどのビッグデータの取り扱いに苦慮する場面に遭うようになってきました。そこで登場したのがキーバリューストア（KVS）をはじめとし、大量データの取り扱いを得意とする NoSQL データベースです。

　実際に NoSQL の概念を学んでいくと、必ずしも RDBMS を置き換えるものではなく、目的・用途によって使い分けるものであると分かってきます。ここで重要なのは正確な業務分析とそのソリューションとなり得るデータベースの特徴を押さえることです。RDBMS なのか NoSQL なのか、NoSQL であればどのタイプを選択すべきかなど、ビジネスニーズに合わせたデータベースの選択が DX を推進する重要なカギとなります。

　3-2 では米 Amazon Web Services（アマゾン・ウェブ・サービス、AWS）が提供するキーバリュー型の「Amazon DynamoDB」を取り上げます。RDBMS との比較を軸に、DynamoDB を選択すべきシーンや、主要なユースケースを紹

介するとともに、選択すべきでない場合や、実装にあたっての考慮点、Tipsについても言及します。

NoSQLの興隆とDynamoDB

　NoSQLは大量データを扱う際のパフォーマンス問題や、非構造化データの取り扱いという既存のRDBMSが抱える課題の打開策として登場してきた側面があります。ただしNoSQLデータベースと一口に言ってもキーバリュー型やグラフ型など、解決すべき課題（データの種類や取り扱い方法）に応じていくつかのタイプが存在します。

　この中でDynamoDBはキーバリューおよびドキュメント型に分類されます。なお、「DynamoDB Accelerator（DAX）」オプションを使用することでインメモリー型としても実装できます。DynamoDBは1日に10兆件以上のリクエストの処理が可能で、毎秒2000万件を超えるリクエストをサポートする能力を備えています。まさにビッグデータ時代のデータベースと言えますが、一体どのようなアーキテクチャーでこれほどのパフォーマンスを実現しているのか、以下で

表1 NoSQLデータベースのタイプ

タイプ	概要	主なAWS製品
キーバリュー	キーとバリューという単純な構造。高スループット、低レイテンシーの制限のない拡張性 ユースケース：ゲーム、広告技術、IoT など	DynamoDB
ドキュメント	データを JSON のようなドキュメントとして保存し、クエリーするために設計。半構造化され、階層的な性質を持つ ユースケース：コンテンツ管理、カタログ	DocumentDB（MongoDB互換）、DynamoDB
グラフ	リレーションシップの格納とナビゲートを目的として構築されたデータベース	Neptune
インメモリー	専用データベースの一種。データをディスクや SSD に保存するのではなく、データストレージ用のメモリーに主に保存	ElastiCache、DAX
検索	半構造化されたログおよび指標のインデックス作成、集約、検索により、機械が生成したデータをほぼリアルタイムで可視化し、分析できるようにする専用サービス	OpenSearch Service（旧Elasticsearch Service）

DynamoDB の特徴や使いどころを深掘りしていきます。

DynamoDBの特徴とユースケース

　3-1 でも解説しましたが、DynamoDB の特徴を理解する上であらためて一般的な NoSQL と既存の RDBMS の基本的なアーキテクチャーの違いを示します。

　設計思想（指向）の違いとして、RDBMS は ACID（Atomicity、Consistency、Isolation、Durability）特性に基づき、トランザクション処理で強い整合性を保証します。これに対して NoSQL は ACID 特性の一部を緩和し、水平方向に拡張できる柔軟なデータモデルとすることで高スループット、低レイテンシーを実現しています。

　これは BASE 特性（Basically Available、Soft-state、Eventually consistent）に基づきます。一時的に一貫性のない状態を許容しますが、結果的には整合性を保証するという、いわゆる「結果整合性」の考え方です。このような設計思想の

表2　RDBMSとNoSQLの比較

	RDBMS	NoSQL
設計概念	ACID	BASE
データモデル	リレーショナルモデル	キーバリュー、ドキュメント、グラフ
最適なワークロード	OLTP、OLAP	低レイテンシーアプリケーションを含む多数のデータアクセスパターン、半構造化データの分析
パフォーマンス	ディスクサブシステムに影響される	基盤となるハードウエアクラスターのサイズ、ネットワークレイテンシー、呼び出すアプリケーションに依存
拡張性	スケールアップ ※1	スケールアウト
API	SQL	オブジェクトベースのAPI ※2

※1リードレプリカの追加による参照系のスケールアウトは限定的だが可能
※2 DynamoDBではSQL互換のPartiQLが利用可能
ACID:Atomicity、Consistency、Isolation、Durability
BASE:Basically Available、Soft-state、Eventually consistent
OLTP:OnLine Transaction Processing、オンライントランザクション処理
OLAP:OnLine Analytical Processing、オンライン分析処理
API:アプリケーション・プログラミング・インターフェース

違いを理解すると、その特性を生かした利用シーンが見えてきます。

　例えば銀行取引のようなトランザクションの一貫性・堅牢（けんろう）性が求められる処理には RDBMS を用い、Web やスマートフォンアプリのような大量同時アクセスが発生し、結果整合性が許容されるような処理には DynamoDB をはじめとする NoSQL を検討するといった具合です。

　続いてパフォーマンスおよび拡張性について見ていきます。従来の RDBMS では、構成面からパフォーマンス問題の改善に取り組む場合、基本的にはハードウエアリソースの強化という垂直方向の性能改善をしてきました。

　しかし、CPU 性能には限界があります。また多くの場合その限界に達する前にディスク I ／ O がボトルネックになることがほとんどです。ディスク性能にも上限があり、このような垂直方向のスケールアップ方式には拡張の限界があります。

　一方 NoSQL の場合、個々のハードウエアリソースの強化ではなく、処理ノードを水平方向に追加していくことで、分散処理による性能の向上を図るスケールアウト方式を採用しています。スケールアウト方式であれば分散処理の管理オーバーヘッドの制約は受けるものの、論理的には無限に拡張できます。

　こうした違いは前述の設計思想からきています。RDBMS が ACID 特性に基づいた強い整合性を保証する設計思想であるため、ディスクを共有して一貫性を保つ必要があるのに対して、NoSQL は BASE 特性に基づく分散処理方式を採用しているため、データ量・性能に応じて処理ノードを追加していくという手法を採ります。

　そのため NoSQL は、データ量の増加とともにパフォーマンスが劣化する RDBMS とは異なり、データ量が増大してもパフォーマンスが維持できるような構造を持っています。

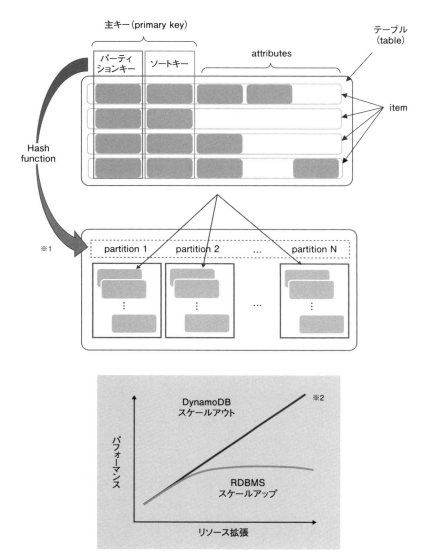

※1 ハッシュ値に基づいて各パーティションに均等に割り振り
※2 パーティションを水平方向に拡張していくことでスケールする

図1 パーティション分割によるスケールアウト

DynamoDBではパーティションキー（またはパーティションキー＋ソートキー）によってデータを一意に特定します。そのパーティションキーに基づくハッシュ値によって分割されるパーティション単位でデータを保存します。処理性能はパーティション単位で上限があります。そのためデータを複数パーティションに分散し、パーティションを増やしていくことで分散処理により性能を向上させます。1秒当たり2000万リクエスト以上にスケーリングできます。このパーティション分割は全てDynamoDB内部で自動的に行われます。

格納されたデータの操作に関しては、RDBMSがSQLを使用するのに対して、DynamoDBは独自のAPI（アプリケーション・プログラミング・インターフェース）によってデータを操作します。SQLが柔軟で複雑な問い合わせができるのに対して、DynamoDBのAPIでは単純な基本操作のみ可能となっています。これは設計思想と密接に関わっており、柔軟性とパフォーマンスのトレードオフの関係性を示しています。

運用上の多くのタスクが不要に

DynamoDBの利用を検討する上で忘れてはならないのは運用上の優秀さです。フルマネージドのクラウドサービスであるため、オンプレミス環境で発生する構築や運用タスクが不要である点が大きな利点です。そもそもサーバーレスのサービスであるため、構築やパッチ適用といったタスクは存在しません。マネジメントコンソールにログインした時点でDynamoDBを利用可能です。

ユーザーは何の準備も必要なくいきなりテーブル作成からサービスの利用を始められます。構築のリードタイムが不要なため、必要な開発タスクに専念できます。また、テーブルはデフォルトで暗号化され、3つのアベイラビリティーゾーンに自動的に複製されることで、高信頼性、高可用性を実現しています。

ストレージのサイズは無制限で自動的に拡張されるため、領域監視や拡張作業も不要になります。自動的にオンラインバックアップを取得するため、ポイントインタイムリカバリー（PITR）を使用していつでも特定の時間（過去35日間）

に復元可能です。このようにこれまで必須だった大半の運用タスクが不要になります。

DynamoDB利用時のTipsとアンチパターン

　一見いいことずくめのフルマネージドサービスですが、設計や運用上いくつかの考慮点が存在します。

　運用上の考慮点として、前述の通りリカバリーは任意の特定の時点に復元可能ですが、既存のテーブルを特定時点にロールバックできるわけではありません。特定時点のテーブルの状態を別テーブルとして復元するという動きであることに注意が必要です。

　パフォーマンスチューニングについては DynamoDB の場合、クエリーチューニングは非常に限定的なものになります。例えば検索の場合はプライマリーキーの属性値だけが検索されるように「scan」ではなく「query」を使用するなど、いくらかの基本的な指針は存在するものの、あれこれクエリーを試行錯誤してチューニングするといった状況はあまり発生しません。

　特徴の説明で触れたように、DynamoDB の API は単純で、SQL のように複数テーブルを「join」したりサブクエリー化したりといった柔軟な表現力を持ち合わせておらず、できることが限られているからです。逆に言えば複雑な操作ができない分、設計時点でクエリーに合わせたテーブル設計をすることが重要になります。

　RDBMS ではデータモデルを作成し、正規化を経て、分割されたテーブルに対して、適宜必要なテーブルを結合するなど柔軟にクエリーを考えていきます。一方 DynamoDB では、正規化は不要で関連するデータはできるだけ 1 つのテーブルに格納します。また、クエリーの自由度が低いため、最終的なアプリケーションのユースケースが明確になってから、そのクエリーに合わせたテーブル設計をするという逆のアプローチが必要になります。

　パラメーターチューニングに関しては、ユーザーが制御できるパラメーターは
ほとんどなく、書き込みと読み込みの性能を指定するキャパシティーユニットを
設定するだけです。ただし、オンデマンドモードを指定した場合には従量課金制
で負荷に応じてパフォーマンスが自動調整され、過去の最大負荷の2倍まで即座
にスケールします。

　このように一般的なチューニングはほとんど自動で行われるため、ユーザーの
介入は最小限となりますが、適切なスキーマ設計がなされていない場合には本来
の性能を発揮できないことがあります。アプリケーションのユースケースを見極
めた上で、慎重にスキーマ設計を実施する必要があります。

　アンチパターンの代表例として次のような例が挙げられます。DynamoDB で
は分散処理の単位であるパーティション数を増やしていくことでスケールします
が、適切なパーティションキーが選択されていない場合、データが各パーティショ
ンに均等に分散されず、特定のパーティションに偏り、いわゆるホットパーティ
ションの原因となります。

　その場合はパーティションキーを見直すか、書き込みシャーディング（データ
ベースへのリクエストを分散すること）でワークロードを分散させます。例えば
日付がパーティションキーに使われている場合、同一日付のデータが同じパー
ティションに書き込まれることで該当パーティションにアクセスが集中します。
そこで例えば1から200の間の乱数をサフィックスとして日付に連結することで、
複数のパーティション間でワークロードを均等に分散します。

　DynamoDB を提案する際、多くのユーザーから説明を求められるのがこのキー
設計とデータアクセスの関係です。RDBMS との大きな違いでもあります。key
で検索して value を取得するまでは分かるが、value に多くの項目（attribute）
が含まれていて、主キー（パーティションキー）以外で検索する場合はどうすれ
ばいいのかといった点です。

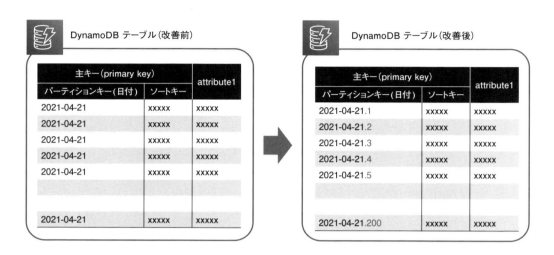

図2 シャーディングによるワークロードの分散

　基本的にはパーティションキーで検索するため（scan は全件検索）、検索に使用したい attribute に前もって索引を作成します。既存のソートキー以外の attribute で範囲指定やソートをしたい場合は、LSI（Local Secondary Index）を定義し、パーティションキー以外で検索したい場合は GSI（Global Secondary Index）を定義します。

　ただし RDBMS のインデックスとはデータの持ち方が異なり、GSI を定義した場合には、定義の範囲のテーブルがもう1つできるイメージです。索引追加はデータ量と管理（同期）メンテナンスコストが高くなるため、必要かどうかの精査と事前のスキーマ設計が重要となります。ちなみに LSI はテーブル作成後には追加できません。

　3-2 では RDBMS と NoSQL の違いに着目し、DynamoDB の特徴や使いどころを見てきました。DynamoDB が大量同時アクセスの発生する低レイテンシーで単純な処理のアプリケーションと非常に相性が良い一方で、強い整合性が求められるアプリケーションでは引き続き RDBMS の利用が推奨されます。DynamoDB

が苦手とする集計処理では Redshift（2-3 で解説）などのデータウエアハウスを使うといったように、ユースケースにより向き不向きがあります。

　一方で、近年 RDBMS と NoSQL の境界が曖昧になってきています。複数の RDBMS で JSON や XML といった非構造化データが扱えるようになり、逆に DynamoDB でもトランザクションがサポートされるなど、それぞれの利点を取り込み進化し続けています。

　ただし現状ではあくまで補完機能としての利用にとどまります。用途に応じて適材適所にデータベースを使い分けることが多様化した時代に DX を推進する上で重要となることに変わりありません。DynamoDB はクラウドサービスであり、紹介してきた多くの利点はクラウドサービスならではの特徴です。DX とクラウドサービスの親和性を示す代表例と言えるでしょう。

3-3　Azure Cosmos DB

NoSQLデータをまとめる Cosmos DB 活用のコツ

複数種類の NoSQL データを併用すると設計・運用が複雑になる恐れがある。
「Azure Cosmos DB」は NoSQL の 4 データモデルをまとめて利用できる。
NoSQL の管理をシンプルにするサービスであり、Azure 利用時には検討したい。

　「Azure Cosmos DB」は米 Microsoft（マイクロソフト）の「Microsoft Azure」
上のサービスとして提供されている NoSQL をサポートする PaaS（プラットフォー
ム・アズ・ア・サービス）です。以前は Azure DocumentDB という名称で呼ば
れていました。

　Azure Cosmos DB の特徴として挙げられるのが、NoSQL の 4 データモデルを
1 つのサービスでまとめて利用できる点です。DX の進展に応じて、複数種類の
NoSQL データを併用するようになると、設計・運用が複雑になる恐れがあります。
Azure Cosmos DB は NoSQL の管理をシンプルにできるサービスとして、Azure
上でデジタルトランスフォーメーション（DX）に取り組む際に検討したいサービ
スです。

　Azure Cosmos DB の特徴とメリット、どのように複数の NoSQL データを利
用するのかを説明していきます。

データモデルをサポートする5つのAPI

　Cosmos DB は NoSQL の 4 つのデータモデルを 5 つの API（アプリケーション・
プログラミング・インターフェース）でサポートしています。キーバリュー型は
「Table API」、ワイドカラム（列指向）型は「Cassandra API」、ドキュメント型
は「SQL ／ Core API」「Azure Cosmos DB API for MongoDB」、グラフ型は
「Gremlin API」です。

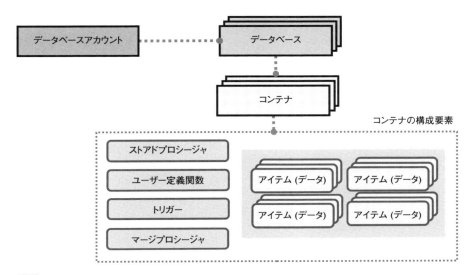

図1 アカウントとデータベース、コンテナの関係（SQL ／ Core APIの例）

　Cosmos DB を新規に利用する場合、まず Cosmos DB アカウントを作成します。DB アカウントを作成する際、データモデルに対応する API を指定する必要があります。選択した API は後から変更できません。ここでは JSON 形式のデータを格納する SQL ／ Core API を紹介します。

　DB アカウントの下には、1つまたは複数の「データベース」を作成できます。データベースはデータを格納する「コンテナ」を管理する単位になります。コンテナとは RDB（リレーショナルデータベース）のテーブルに近いイメージです。1つひとつのデータは「アイテム」と呼びます。

　DB アカウント、そしてデータベースを作成後、コンテナにデータを格納します。.NET SDK や Node.js などを使ってデータを格納できますが、サンプルデータを数件格納するだけの場合は「Azure Portal」から入力するほうが容易です。

パーティションキーとユニークキー

コンテナを作成する際、コンテナ名の他に「パーティションキー」を指定します。パーティションキーとは、RDB のパーティションのように格納されるデータを論理的に分けるためのキーになります。

挿入したデータはパーティションキーに基づいて、格納されるパーティションが分けられます。JSON 形式のデータをコンテナ名「product」、パーティションキー「/category」で作成したとします。すると category の値によって、格納されるアイテムのパーティションが決定されます。

なぜパーティションごとにデータを分ける必要があるのでしょうか。それはスループットを最適化するためです。コンテナのデータが同一パーティションに集中して格納されていると、読み取り・書き込み操作において処理が競合し、スループットが低下することがあります。

Cosmos DB の料金モデルについては後述しますが、Cosmos DB のコスト計算にはスループットが重要な要素となります。不適切なパーティションキーの設定はパフォーマンスだけでなくコストにも影響を与えるため、事前に検討しておく

```
{
"product_code":"1001",
"product_name":"Laptop Computer",
"manufacturer":"AB Corp",
"category":"A1",
"price":"$1000"
}
```

図2 JSON形式のデータの例

必要があります。

　パーティションキーの選定基準はカラムに格納される値の種類がコンテナ内の
データ件数に対して多いか少ないかで判断します。カラムに格納される値の種類
が少ないことを「カーディナリティーが低い」といいます。例を挙げると、真理
値を格納するブーリアン（Boolean）型は真（Ture）と偽（False）の2値となり、
カーディナリティーが低いといえます。

　カーディナリティーが低いカラムはパーティションキーには不適切です。また、
パーティションキーに選んだカラムのデータの値は更新できません。そのため更
新される可能性のあるカラムはパーティションキーに選択できないことも考慮す
る必要があります。カーディナリティーがある程度高く、更新されることのない
カラムがパーティションキーに適切です。

　パーティションキーの他、コンテナにはユニークキーを設定できます。ユニー
クキーは必須ではありません。注意するポイントとしては、ユニークキーは「パー
ティション」内で一意なところです。つまり、パーティションキーとユニークキー
を組み合わせることによって、コンテナ内で一意となります。

　ユニークキーを設定することで一意性を保証できますが、ユニークキーつまり
インデックスを付与することはRDBと同じく、データを作成したり、更新や削
除したりするときにオーバーヘッドがかかることになります。オーバーヘッドが
かかることでスループットが低下し、結果としてコストがかかる可能性がありま
す。RDBでは当たり前のように付与していたユニークキーでも、Cosmos DBで
はテストを実施したうえで、本当に設定するかを判断する必要があります。

　次はCosmos DBのコンテナに格納したデータを別リージョンに複製する方法
や、データの整合性管理について紹介していきます。

地理レプリケーションによるグローバル分散

　システムが全世界のさまざまなクライアントから使用される場合、1 つの Azure リージョンのみにデータを配置していると、クライアントのアクセス元によっては通信に時間がかかりパフォーマンスに問題が出るケースがあるかもしれません。また、NoSQL に限ったことではありませんが、単一リージョンにのみデータを配置する場合、広域災害発生時などの有事に対応できません。

　オンプレミス環境でも、レプリケーションやデータベースのログを遠隔地へ転送する機能を使用して、データを分散させることが可能です。しかしながら、遠隔地にサーバーを自前で用意したり、構築できるエンジニアをアサインしたりとなると高コストとなるため、現実的には予算の折り合いがつかないことが多いのではないでしょうか。このデータのグローバル分散を容易に短時間で実装できるのがクラウドを利用するメリットの 1 つです。

　Cosmos DB は複数リージョンに地理レプリケーション（Geo-Redundancy）を構築できます。レプリケーション先の Azure リージョン数に上限はありません。世界中の Azure リージョンにデータを戦略的にグローバル分散させることで、クライアントからのアクセスパフォーマンスを最適化し、かつ災害発生時の迅速な復旧に対応できます。

　地理レプリケーションでは 1 つの書き込みリージョンと 1 つ以上の読み取りリージョンからなる「単一リージョン書き込み」の構成と、レプリケーションが構成されているすべての Azure リージョンで書き込みが可能な「マルチリージョン書き込み」の構成があります。マルチリージョン書き込みを構成することで、書き込み処理のレイテンシー（遅延）を削減できるようになります。

2つの要素で決定される料金モデルとコスト

　Cosmos DB の料金モデルは、2 つの要素で決定されます。まずは「スループット」です。Cosmos DB はデータベースもしくはコンテナに RU（Request Units、

要求ユニット）と呼ぶスループットを指定します。1RUは、1キロバイトのデータを読み取るスループットに相当します。大きいデータを抽出する場合には、より多くのRUが消費されます。データベースにのみRUを指定すると、データベース内の各コンテナでスループットが共有されます。それに対して、特定のコンテナに専用スループットを割り当てることも可能です。

　もう1つの要素は、格納されたデータ量に対する「ストレージ」です。前述の複数リージョンにデータをグローバル分散させるレプリケーションを構築したい場合には、レプリケーション先でもスループットとストレージに対して課金されます。また、単一リージョン書き込みか、マルチリージョン書き込みかでも料金が異なります。

　ここまでに記載した料金モデルは「プロビジョニングされたスループット」といいます。プロビジョニングされたスループットの場合、事前にスループットを見積もってRUを設定する必要があります。そのため、データベースへのワークロードが予測できない場合には余計なコストが発生する場合もあります。新しいサービスをテストするために一時的な開発環境が必要な場合などにも、事前にスループットを設定しておく体系は効率的ではない可能性があります。

　Cosmos DBには「サーバーレス」というもう1つの料金モデルがあります。サーバーレスという名称ですが、サーバーそのものがないわけではありません。開発者や管理者がプロビジョニングを意識する必要がないという意味合いで使われています。サーバーレスでは、データベースの操作によって消費されたRUに対して料金が発生します。事前にスループットのプロビジョニングが不要となり、利用形態によってはコストの最適化が見込めます。

　サーバーレスでは前述の地理レプリケーションが使用できなかったり、1コンテナ当たりのストレージサイズに制限があったりなどの制約が一部あります。システムの利用用途によっては選択肢として検討できるでしょう。

5種類の整合性レベル

　Cosmos DB は「STRONG（強固）」「BOUNDED STALENESS（有界整合性制約）」「SESSION（セッション）」「CONSISTENT PREFIX（一貫性のあるプレフィックス）」「EVENTUAL（最終的）」の5種類の整合性レベルを選択できます。

　最も強い整合性レベルである STRONG では、RDBMS のトランザクションに相当する整合性をサポートします。STRONG の場合は常に最新データの読み込みが保証されますが、地理レプリケーションの構築はできません。それに対して EVENTUAL の場合は読み込まれたデータは最新である保証はなく、過去に参照したデータよりも古いものである可能性があります。その分、データの読み取りと書き込みのスループットは5つの整合性のなかで最も高くなります。スループットの消費はコストに影響を与えるため、整合性レベルの設定もコスト計算のために重要な要素となります。

図3 5種類の整合性レベル

整合性レベル	説明	整合性	スループット
STRONG	常に最新のデータを読み取ることが保証される	強	低
BOUNDED STALENESS	設定した回数の書き込み、または設定した時間の読み取りが遅れることがある。設定できる閾値は単一リージョン、複数リージョンとで異なる。		
SESSION	デフォルト。同一セッション内で読み取るデータは読み取りごとに古いものにならない、書き込みの順番は保証される		
CONSISTENT PREFIX	読み取るデータが最新ではあることは保証されない。読み取りの際、書き込みが発生した順序通りに読み取ることは保証される		
EVENTUAL	読み取るデータが最新ではあることは保証されない。読み取りの際、以前読み取ったデータより古いことがある	弱	高

5つの整合性レベルはそれぞれトレードオフがあり、ユーザーが要求するデータ書き込み・読み取りのSLA（サービス・レベル・アグリーメント）に応じて選択する必要があります。

4つの指標についてSLAを提供

Azureでは各サービスについてSLAが定義されています。SLAとは、サービスを提供する事業者がユーザーに対して、どの程度まで品質を保証するかを示す指標です。Cosmos DBは4つの指標についてSLAを提供しています。そのうちの1つは「可用性のSLA」です。

可用性については、一定時間内に発生した失敗リクエスト数を総リクエスト数で割った値が平均エラー率となります。この平均エラー率を100%から差し引いた値が月間稼働率となり、SLAで提供されます。グローバル分散を使用しない単一リージョンでは99.99%の可用性SLAが提供されます。99.99%のSLAが提供されるということは、時間に換算すると1カ月当たり約4.3分、年間約52.6分はサービスが使用できない可能性があることになります。

提供されるSLAのダウンタイムを許容できるシステムの場合は問題ありませんが、さらなるサービスレベルを求めるシステムであれば、地理レプリケーションによるグローバル分散を実装し、SLAの向上を検討する必要があります。

その他「スループットのSLA」、整合性レベルを保証する「整合性のSLA」、読み取り操作・書き込み操作の待機時間が基準以下になることを保証する「待機時間のSLA」といったSLAがそれぞれ提供されます。

コストに重要な要素はスループットとストレージ

NoSQLではRDBで標準に実装されている機能を備えていない場合があります。その1つにトランザクションの整合性がありますが、Cosmos DBでは5種類の整合性レベルにより、RDBと同等の整合性を設定できます。また、NoSQLの4つのデータモデルを1つのサービスで提供しており、NoSQLを採用しよう

とするシステムにおいては最初の選択肢に入れられると考えます。

　Cosmos DB において、コスト計算に重要な要素はスループットとストレージです。スループットを犠牲にしてでも強い整合性を担保するか、ストレージのコストが多くかかってもデータをグローバル分散させて障害に備えるかなど、トレードオフで比較・検討する必要があります。まずは料金モデルでサーバーレスを選択し、実運用に耐えられるスループットを出せるか、コストとして現実的な数値であるかをテストしてみることをお勧めします。

おわりに

アクアシステムズ　川上 明久

　最後まで読んでいただき、ありがとうございます。ここ数年毎年のように本を執筆していますが、書く題材が尽きません。データベースの領域では以前では考えられないほどイノベーションが活発に起きていて、変化が大きくなっているからです。DX を成功させるために新たな技術を活用したいという前向きな変化が起きている時代にエンジニアとして仕事ができるのは幸せなことだと思います。

　本書はアクアシステムズがコンサルティングサービスを提供する中で、当社メンバーが得た知見を中心に書いています。今後も様々なことを学んでいき、発信していきたいと考えています。

アクアシステムズ　小泉 篤史

　これからの日本の発展を支える重要な要素の 1 つが、まさにデータ活用だと私は考えています。

　エンジニアができることは、ただ言われるがままに、データ基盤の運用や保守をすることだけではありません。最新のクラウドサービスや新技術をキャッチアップしつつ、データの幅広い活用方法を模索し続けなければいけません。

　私はこのデータ基盤の領域で日本企業の発展に貢献し、陰ながら日本社会の発展に貢献できればと考えております。これからも精進してまいります。

　アクアシステムズに入社して 3 年が経過したところですが、このような執筆の機会を頂けたことに感謝を申し上げます。

アクアシステムズ　青木 武士

　今回執筆をさせていただくにあたり、文章を書く前に様々なクラウドサービスを検証する機会がありました。そこで感じたのは、従来の常識はこれからの常識ではないということです。

　私はこれまでデータ基盤の構築や運用の業務を多く担当していましたが、クラウドサービスではその多くが自動化され、非常に短時間でシステムを構築できるようになりました。

　データベースやインフラ基盤にかかわるエンジニアが今後どのようなスキル

アップを目指したらよいか。そのなかで、データベースの外にあるデータにも目を向け、データを分析できる基盤を作成し、また活用する手法を学ぶことで、これから加速するデジタル化に対応できるエンジニアに近づけるのではないかと感じました。

今回はこのような執筆の機会をいただきありがとうございました。

アクアシステムズ　松永 守峰

まずは本書をお読みいただいた皆様、ありがとうございました。

仕事でもそれ以外の時間でも私たちの暮らしは意思決定の連続です。その存在を意識する・しないに関わらず、日々の意思決定をより良いものにするためにデータ基盤が果たす役割は重要度を増しており、そこで扱うデータは爆発的に規模を拡大し、その種類も様々なものが登場しています。

そのようなニーズに応える形でクラウド環境でも様々なデータベースサービスが提供されるこの時代は私たちデータベース技術者にとってはとてもエキサイティングなものであり、このタイミングで本書を執筆する機会をいただけたことをあらためてうれしく感じています。

最後になりましたが執筆にあたりお世話になったすべての皆様に感謝いたします。

アクアシステムズ　夏目 裕一

ふとテレビを見ているとCMでクラウドやDXに関する話が流れてきて、これが一般家庭にも流れているのかと思うとITの進歩と日々の生活は以前よりも密接になっているのだなと実感しました。

20年前までは想像できなかった技術は10年ほど前から世に出始めて、気づけば主流となり進化し続けるIT業界で、現在は過去の主流から未来の主流へと切り替わるターニングポイントの時代だと言えるでしょう。

そんな時代に本書のテーマであるDXについて皆様と一緒に考えていけることをうれしく思います。本書を最後まで読んでいただき、ありがとうございました。

アクアシステムズ　村山 満

　この10年でIT業界を取り巻く環境や技術は大きく変化してきました。その最たるものが、本書にも登場するDXを支えるクラウド関連の技術です。

　構築や運用が省力化、効率化される一方で、我々技術者は新たなアプローチや知識の習得を迫られるようになってきました。しかし、全く新しい技術に見えるクラウドも、かねてより利用されてきた仮想化や分散処理技術の応用といった側面があります。

　またこれまで培ってきた知識や問題解決の思考プロセスは新技術の理解や改善に役立ちます。DXを支えるテクノロジーも、それを使う我々も、単に新しい技術を使うだけでなく、過去の知識や経験の集積を、軸となる判断基準に昇華させ、適切な選択をしていくことが重要だと感じています。

　本書が、新しい概念や技術を学ぶとともに、これら革新的なアイデアに対し、それぞれ異なる立場の読者の皆様が、おのおのの経験や知識に根ざした気づきや発見を見いだす一助になれば幸いです。

アクアシステムズ　瀬川 史彰

　本書を手に取っていただき誠にありがとうございます。

　クラウド技術の成長はまさに日進月歩であり、日々便利なサービスが提供されています。オンプレミスでは大変だった作業もクラウドでは少ない労力で簡単にできるようになりました。

　一方でそれらを正しく扱うためには、絶え間なく発展する技術を常にキャッチアップしていく必要があります。新しい技術を学ぶことは大変なことではありますが、私たち技術者にとっては同時に刺激的で楽しいものだと信じております。皆様にとって本書の内容が少しでもそのような刺激になっていただければうれしい限りです。

　最後になりますが、今回このような機会を頂けたことに感謝しています。そして執筆にあたり多くの方にお世話になりました。いつもありがとうございます。

アクアシステムズ　横山 浩章

　今回、DXとOracle Autonomous Data Warehouseを題材として執筆するに

あたり、普段から DBA を担当している私は、正直、危機感を感じました。

　私が本格的に Oracle Database に携わったのは 10 年以上前になりますが、その当時は、機能毎に自動化が進められている程度でした。

　それまでは、メモリーやディスク、UNDO など、熟練した DBA の手により繊細な設定が必要でしたが、自動化に伴い作業ボリュームが削減され助かりました。

　しかし、当時は精度が不十分な点も見受けられる状態でした。現在は、ノウハウが蓄積されて自動化の技術も進歩しています。これからも AI 技術により、多くの分野において飛躍的に自動化が進みます。

　日本の人口は減少傾向ですが、世界的には増加している状況です。データベースの分野に限らず、AI やグローバル化に淘汰されないためにも、自動化は効率的に使用しつつ、自分に付加価値を付けることが大切になってくるでしょう。

アクアシステムズ　中山 卓哉

　これまでシステムエンジニアとして様々な案件をこなしてきたつもりなのですが、その中でデータを取り巻く環境の進歩については特に著しいものを感じています。古い知識だけで満足してしまっては時代の流れについていけず、すなわちそれは企業競争で後れを取ることを意味します。

　IT 業界と一言で言えど、IT 業界はとても幅広く、全ての分野を完璧に網羅できるスペシャリストは存在しません。その中でも特に進歩が著しく経験を積むことが難しいデータ基盤の分野について、最新の情報を本書で皆様にお届けできることを大変うれしく思います。

　最後となりますが、今回執筆に関わらせていただいた中で、普段の案件をこなすだけでは得られないような貴重な経験を積ませていただけたこと、またそのような機会を与えてくださった皆様に、心より感謝しております。

索引

著者紹介

川上 明久（かわかみ・あきひさ）　アクアシステムズ 執行役員 技術部長

データベースのモデリングや構築等のコンサルティングに多数の実績・経験を持つ。データベース関連の著書や IT 系メディア記事の執筆・連載、セミナー・講演も多数手がけ、急増するクラウド化への要望に対応できるエンジニアの育成や技術・スキル向上支援に力を注ぐ。

小泉 篤史（こいずみ・あつし）　アクアシステムズ 技術部

AWS、Azure、OracleCloud を中心にデータベースの設計、構築、運用や、移行案件などを経験する傍ら、データ基盤に関する記事や著書を執筆し、DX を促進するためのデータ基盤コンサルティング業務にも携わる。

青木 武士（あおき・たけし）　アクアシステムズ 技術部

Oracle Database、GoldenGate を中心にフリーランス、外資系ソフトウエアベンダーを経て 2020 年にアクアシステムズ入社。最近は Oracle Cloud、Exadata の DBA やシステム移行に従事するかたわら、Azure、PostgreSQL のスキルアップにも注力している。

松永 守峰（まつなが・もりお）　アクアシステムズ 技術部

外資系ソフトウエアベンダー、コンサルティングファームを経て 2008 年にアクアシステムズ入社。パフォーマンスチューニングを中心に多くのプロジェクトに携わる。また、近年は後進の育成にも力を入れている。

夏目 裕一（なつめ・ゆういち）　アクアシステムズ 技術部

前職では大手ネット証券システムに従事し、DBA の統括やプロジェクトマネージャーを経験。2017 年にアクアシステムズに入社後、元々興味のあったゲーム業界やメディア系などの案件で、システム移行やパフォーマンスチューニング、コンサルタントなど担当。

村山 満（むらやま・みつる）　アクアシステムズ 技術部

長年 DB2 ／ Oracle ／ PostgreSQL などのリレーショナルデータベースを中心として、OS・ストレージを含めた基盤システムの構築・運用・保守案件に従事。近年は AWS、OCI などのクラウド案件を主に担当している。

瀬川 史彰（せがわ・ふみあき）　アクアシステムズ 技術部

前職でスマホアプリや EC システムの DBA 業務を経験後、アクアシステムズへ入社。その後はデータベース性能調査やコンサルタント、SQL チューニングなどに従事している。現在は DBA 業務の範囲にとどまらず、DB エンジニアとしてのスキルを拡大中。

横山 浩章（よこやま・ひろあき） アクアシステムズ 技術部

アプリケーション開発の経験を経て DBA に転身。Oracle Database RAC などの構築を経験後、現在は、高頻度トランザクションが発生するミッションクリティカルなシステムの ExaCC を運用。性能調査や SQL チューニングを得意とする。

中山 卓哉（なかやま・たくや） アクアシステムズ 技術部

前職では開発者として大手製造業向けシステムのリプレース案件を担当し、開発リーダーを経験。2018 年にアクアシステムズに入社後、大手教育業向けシステムのリプレース案件を担当し、データモデリングやデータ移行、パフォーマンスチューニングなどを担当。

DXを成功させる
データベース
構築の勘所

2022年2月21日　第1版第1刷発行

著　　　者　　川上 明久、小泉 篤史、青木 武士、
　　　　　　　松永 守峰、夏目 裕一、村山 満、
　　　　　　　瀬川 史彰、横山 浩章、中山 卓哉
発 行 者　　吉田 琢也
編　　集　　日経クロステック
発　　行　　日経BP
発　　売　　日経BPマーケティング
　　　　　　〒105-8308
　　　　　　東京都港区虎ノ門4-3-12

カバーデザイン　　葉波 高人（ハナデザイン）
デザイン・制作　　ハナデザイン
印刷・製本　　図書印刷

ⓒ Akihisa Kawakami, Atsushi Koizumi, Takeshi Aoki, Morio Matsunaga,
Yuichi Natsume, Mitsuru Murayama, Fumiaki Segawa, Hiroaki Yokoyama,
Takuya Nakayama 2022
ISBN 978-4-296-11193-0　Printed in Japan